山地资源环境与经济发展系列

贵州桑科植物资源图鉴及利用现状

主　编　孙　超

执行主编　谢　华

科学出版社

北　京

内 容 简 介

贵州省的桑科植物的种类较丰富，现自然分布有桑科植物8属、57种、16变种、1亚种及1变型。本书对贵州桑科植物资源进行科学系统的分类鉴定，绘制了贵州桑科植物形态图48幅，插入彩图97张，以图文并茂的方式展示了具有地方和民族特色的植物资源，为相关研究单位提供了科学、快捷的桑科植物鉴别手段和资源信息，为桑科植物资源的保护、利用以及喀斯特地区的石漠化治理提供了重要科学依据。

本书可供植物分类学、植物地理学、生态学、园艺学等专业的高等院校师生以及相关领域从事科研、生产、管理的工作人员参考和阅读。

图书在版编目（CIP）数据

贵州桑科植物资源图鉴及利用现状 / 孙超主编. --北京 ：科学出版社，2014.7

（山地资源环境与经济发展系列）

ISBN 978-7-03-041412-0

Ⅰ．①贵… Ⅱ．①孙… Ⅲ．①桑科－植物资源－贵州省－图集②桑科－植物资源－资源利用－贵州省 Ⅳ．①Q949.72

中国版本图书馆CIP数据核字（2014）第163553号

责任编辑：韩卫军 / 责任校对：唐静仪
责任印制：余少力 / 封面设计：墨创文化

科 学 出 版 社 出版

北京东黄城根北街 16 号
邮政编码：100717
http://www.sciencep.com

四川煤田地质制图印刷厂印刷
科学出版社发行 各地新华书店经销

*

2014 年 8 月第 一 版 开本：787×1092 1/16
2014 年 8 月第一次印刷 印张：13
字数：300 千字
定价：149.00元

本书编委会

主　　编　孙　超

执行主编　谢　华

编委成员

张秀实　谢　华　孙　超　罗文敏　张玉武　张珍明
陈　翔　贾　强　张柔然　洪　江　刘盈盈　谢亚男
张家春　黄冬福　任春光

绘　　图

谢　华　张培英　张泰利　孟　玲

摄　　影

谢　华　杨成华　安明态　莫家伟　刘　演　赵　平
陈　翔　张玉武　袁　果　刘雪兰　张久磊　石崇燕
刘　夙　李晓东　尤水雄　张　治　陈炳华　宋　鼎

本书由以下项目支持出版

·贵州省科技基金项目，黔科合J字［2010］2056号

·贵州省科学技术项目改革转制项目，黔科合体Z字［2010］4005号

·贵州省创新能力项目，黔科合院所创能［2010］4010-1号

　　我第一次认识植物学家张秀实先生是在1981年下半年，当时刚参加工作不久，与单位的罗祖筠老师去请教张先生。她给我的第一印象是面容慈祥、稳健谦和，当时我惊讶的是她是一位女性。在1984年，我到日本研修学习时，认识了一位日本的植物学者，他听说我来自中国贵州，问我认不认识一位张秀实先生，他说很想认识一下，这使我十分感慨张先生的知名度；此后，对张先生印象更为深刻。之后，我由于主要从事树木分类的工作，对张先生又有了更深的了解，敬佩之情与日俱增。记得有一次，我在野外采到一个杜鹃花属的标本，到先生的家中去请教，她一看就十分肯定这是一个贵州的新分布种，足见她的学识水平。在随后的工作中，我请教张先生的次数虽然不多，但通过查阅资料，并与熟知张先生的老同事的交流，特别是在张先生去世后，我到中国科学院昆明植物研究所和华南植物研究所等单位与同行攀谈时了解到，在大家的心目中，张先生作为我国植物分类学者中不多的女性，不仅学识造诣让同行钦佩，而且淡泊名利，平易近人，为大家称颂。

　　张秀实先生1939年毕业于四川大学生物系，是我国植物学家方文培先生的研究生；她足迹遍及我国许多省区，特别是贵州的龙头大山、梵净山、茂兰、雷公山等有名的原始林区，都留下了她艰辛的汗水。她一生从事于植物学研究，所采集的标本存放于我国的许多标本室，先后发表新种40余个，仅桑科就发表了38个新种及新变种，如：贵州榕*Ficus guizhouensis* S. S. Chang、平塘榕*Ficus pingtangensis* S. S. Chang、北碚榕 *Ficus beipeiensis* S. S. Chang、荔波桑 *Morus liboensis* S. S. Chang、雷山杜鹃 *Rhododendron leishanicum* Fang et S. S. Chang ex Chamb.等；并且，对桑科研究发表了多篇较高水平的研究报告，从而承担了《中国植物志》第二十三卷第一分册（桑科）的编写，也是贵州唯一参加《中国植物志》编写的专家；随后，《中国树木志》、《云南植物志》、《西藏植物志》、《广西植物志》等专著中的桑科部分也都是由她完成，是国内桑科植物当之无愧的专家。在贵州，早在20世纪50年代，她就参加编写了《贵州经济植物手册》共12册，在1980年后担任《贵州植物志》副主编，并参加了《贵州植物志》1—10卷的编写，她亲自带领年轻人完成了杜鹃花科等17个科的编写。张先生参加的研究成果先后获得了国家自然科学一等奖1项，省级自然科学特等奖1项，省级科学技术进步一等奖1项、三等奖3项。

　　限于当时的科研条件，张先生的许多资料未能系统的展现在我们的面前。今天，有关的研究人员将这些资料进行整理、补充和完善，以图文的形式编辑成书，不仅是为相关的研究、教学和开发提供十分宝贵的资料，也是对张秀实先生最好的纪念。

　　受作者的委托，我十分荣幸为该书写序。

柯成华

贵州省林业科学研究院，研究员

2014.03.18

桑科植物在贵州的种类较丰富，贵州省内现自然分布的桑科植物有8属、57种、16变种、1亚种及1变型，分别占我国已记录属、种及变种的66%、40%、27%。本书在收集、整理前人采集的贵州桑科植物资源标本及研究文稿的基础上，对贵州桑科植物资源进行科学系统的分类鉴定，绘制贵州桑科植物48幅形态图，涉及65种，占种数的76%，插入彩色图97张，以图文并茂的方式展示具有地方和民族特色的桑科植物资源。在植物资源信息上提供了丰富的数据和材料，使桑科植物分类研究更上一个台阶。

本书针对贵州桑科植物资源在生态系统重建、药用、食用和园林绿化等领域中的利用价值、应用状况和前景做出分析，丰富了我国种子植物物种多样性研究内容，为相关研究单位、大专院校和企业提供科学、准确、快捷的桑科植物鉴别手段及资源信息的同时，也为政府及相关部门做决策提供了科学依据。

本书早在20世纪80年代就在张秀实先生的带领下开始筹备，限于当时的科研条件，张先生的许多资料未能系统的展现在我们面前。今天，本书的撰写在贵州省科技厅、贵州科学院、贵州省生物研究所的大力支持下完成。本书汇集了编者多年研究、应用方面的成果，将资料总结、整理、补充和完善，并以图文的形式编辑成书，不仅为相关的科研、教学和开发提供十分宝贵的资料，也是对张秀实先生最好的纪念。

本书第一章贵州桑科Moraceae植物系统名录由张秀实、谢华、谢亚男编写；第二章桑科Moraceae植物资源由谢华、张秀实、孙超、陈翔、张柔然编写，第二章参照第一章系统名录编排；第三章桑科Moraceae植物的利用与研究现状由罗文敏、贾强、洪江编写；第四章桑科Moraceae植物在贵州园林绿化与石漠化治理中的应用及发展前景研究由张玉武、张珍明、刘盈盈、何云松等同志编写。在老一辈科技工作者的带领下，中青年科技工作者也能著书立说，勇攀高峰，可喜可贺，足见科教兴国，后继有人。

项目及本书编写过程中，承蒙陈谦海老师的帮助，杨成华、安明态、刘演、莫家伟、赵平、袁果、刘雪兰、张久磊、石崇燕等老师及同行们提供图片，在此一并表示衷心感谢！

由于标本、文献、资料、时间及编著者阅历限制，本书难免管中窥豹，望广大读者不遗余力斧正。

孙超

2014.03.18

CONTENTS 目录

贵州桑科 Moraceae 植物系统名录

1.桑亚科 Subfam. MOROIDEAE 9

族1. 水蛇麻族 Trib. **Fatoueae** Bur. 9

　1. 水蛇麻属 **Fatoua** Gaud. 9

　　　　1. 水蛇麻 **Fatou villosa**（Thunb.）Nakai 9

族2. 桑族 Trib. **Moreae** Gaud. 12

　2. 桑属 **Morus** Linn 12

　　组1. 桑组 Sect. **Morus** 13

　　　　1. 桑 **Morus alba** Linn 13

　　　　2. 荔波桑 **Morus liboensis** S. S. Chang 16

　　　　3. 长穗桑 **Morus wittiorum** Hand. -Mazz. 18

　　组2. 山桑组 Sect. **Dolichostylae** Koidz. 19

　　　　4. 裂叶桑 **Morus trilobota** （S. S. Chang）Cao 19

　　　　5a. 蒙桑 **Morus mongolica** Schneid. 22

　　　　5b. 云 南 桑 **Morus mongolica** Schneid. var. **yunnanensis** （Koidz.）
　　　　　C. Y. Wu et Cao 24

　　　　6a. 鸡桑 **Morus australis** Poir. 26

　　　　6b. 花叶鸡桑 **Morus australis** Poir. var. **inusitata**（Lévl.）C. Y. Wu 28

族3. 构树族 Trib. **Broussonetieae** Gaud. 30

3.大麻亚科 Subfam. CANNABIODEAE Enol. 142

7. 葎草属 Humulus Linn 142

8. 大麻属 Cannabis Linn 144

第二章

桑科 Moraceae 植物资源

桑科植物具有很高的经济价值，有关桑科植物的研究引起了国内外的广泛重视，开展桑科植物的应用价值方面的研究具有重要的意义。

桑科植物为乔木、灌木或藤本，少有草本。通常有乳状汁液。单叶互生，少有对生，全缘，具锯齿或裂片，羽状脉或掌状脉，托叶2枚，早落。花小、单性，雌雄同株或异株，无花瓣，常密集为头状花序、穗状花序、茅荑花序或聚伞状圆锥花序，花序轴有时肉质，增厚或封闭而成隐头花序(榕属)；雄花被片2—4片，稀1—6片，雄蕊与花被片同数而对生；子房上位、半上位或下位，1—2室，每室有倒生胚珠1颗；柱头1—2，线形或画笔状，漏斗形。果为瘦果或核果，围以肉质，变厚的花被而形成聚花果或隐藏于肉质的隐头花序内，形成无花果，或因花序轴特别发育形成大型的聚合果。桑科模式属为桑属*Morus* Linn，该属染色体单倍数为14。

全世界约有桑科植物53属，1400种。多产于热带、亚热带地区。我国约产12属153种和亚种，并有变种及变型59个。主要分布于长江以南各省区。贵州省内现自然分布有桑科植物8属、57种、16变种、1亚种及1变型。

经许多研究证明，桑科植物中的大多数都是良好的药材，具有抗菌、抗炎、抗氧化，甚至具有抗肿瘤细胞的功效。例如，桑属有很强的药理活性，有抗高血压、抗菌、抗氧化、抗病原微生物、抗病毒、降血糖以及抗癌等作用。其中桑树在治疗心血管、肝、脾疾病方面都有着良好的疗效；构属*Broussonetia*多数叶及果实均可药用，有抗菌、抗氧化、抗炎、镇痛、抗血小板凝聚、抗癌等活性，常用于治疗糖尿病、心血管疾病；波罗蜜属*Artocarpus*的多数品种根及茎在我国及东南亚等地均被作为传统民间用药，具有抗炎、解毒及保肝的功效，用来治疗疟疾、痢疾、肺结核、风湿病、高血压、糖尿病以及肝硬化等症；榕属*Ficus*常以叶、根作药用，例如小叶榕*F. concinna*的叶在治疗心血管疾病、抗炎、抑菌等方面都有显著的效果，主治流行性感冒、支气管炎、百日咳。黄葛树*F. virens*的叶有祛风通络、止痒敛疮、活血消肿的功效，根及树皮则祛风除湿，通经活络，可治风湿痹痛、四肢麻木、跌打损伤等症；葎草属*Humulus*中的葎草*H. scandens*有抗菌活性，能清热解毒，利尿通淋，主治肺热咳嗽、肺痈、虚热烦渴、热淋、水肿、小便不利、湿热泻痢、热毒疮疡、皮肤瘙痒。葎草属*Humulus*中的啤酒花*H. lopulus* var. *cordifolius*则有抗菌、抗病毒、抗肿瘤、抗氧化及镇静的作用，常用于治肺结核、痢疾、胃肠炎、中暑吐泻、小便不利、淋症、小儿疳积、小儿腹泻、痔疮出血、瘰疬、痈疽、蛇蝎伤；大麻属*Cannabis*中大麻*C. sativa* Linn的种子、根、花、叶均可药用，有镇痛作用，可用于治疗青光眼、恶性神经胶质瘤，促进食欲、抗恶体质功效。

除了药用价值外，桑科植物还有许多其他的多种用途。例如，有研究表明，桑叶作为饲料喂养的湖羊比用谷物类饲料喂养的效果好。大多数桑科植物均是良种木材原料，其茎枝韧皮纤维可以利用，作人造棉、造纸、绳索等的原料，树木材质轻软，纹理粗，可做器具、家具。此外，桑科植物因具有强大的抗污染能力，在环境保护和治理中能得到广泛运用，据测定在化工厂污染区，一公斤榕树干叶58天可吸硫64克，吸氯247克。桑科药用植物中有许多种类还具有食用的价值，如无花果*F. carica*、薜荔*F. pumila*、粗叶榕*F. hirta* Vahl、榕树*F. microcarpa*等。榕果中含有丰富的矿质元素和维生素C以及人体必需的多种氨基酸，榕树的嫩叶、嫩枝也含有丰富的矿物质、维生素及较高的钙和铁，榕果近球形，肉质成熟时呈黄色、淡红色或紫红色，味甜可食用。无花果则已开发出系列食品，如干果、蜜饯或罐头，其含葡萄糖及胃汁素丰富，有助消化、清热润肠的功效。综上可见，桑科植物具有广泛的利用价值，桑科植物的研究开发，是市场广阔、前景喜人的新兴产业。

桑科分属检索表

1. 乔木、灌木、草本，具乳液；雄蕊在花芽时内折，花药外向（Ⅰ.桑亚科 *Moroideae*）.

  2. 花为聚伞花序，雌雄花混生或雌花单生；草本（水蛇麻族 *Fatoueae* Bur.）……………
……………………………………………………………1.水蛇麻属 *Fatoua* Gaud.

  2. 花为穗状，总状，或聚伞状花序，雌雄同株或异株；木本植物。

    3. 雌雄花序均为穗状花序 ……………………………………2.桑属 *Morus* Linn

    3. 雄花序为穗状，雌花序为球形头状花序 …………3.构属 *Broussonetia* L´ Hert. ex Vent.

1. 乔木、灌木、攀援性或直立草本，有或无乳液（但有乳液管存在）；雄蕊在芽时直立稀内折，花药内向稀外向。

  4. 乔木或灌木，具乳液；雌雄花序均生于中空的花序托内，或花序托盘状或圆锥状或为舟状（Ⅱ.波罗蜜亚科 *Artocarpoideae*）.

    5. 花序托盘状或为圆柱状或头状。雌花序为头状，雄花序为圆柱状或穗状（波罗蜜族*Artocarpeae* R. Br.）

      6. 花集生为圆柱形或球形头状花序，雄蕊1枚；子房基部陷入肉质花序托 ……………
……………………………………………………4.波罗蜜属 *Artocarpus* J. R. et G. Forst.

      6. 花集生为球形头状花序，稀为穗状花序，雄蕊4枚；子房不陷入花序托内 …………

　　·· 5.柘属 *Cudramia* Trec.

　　5. 花生于壶形花序托内壁,有雄花、瘿花、雌花或不育花之分,雄蕊1—4枚(榕族 *Ficeae*)

　　·· 6.榕属 *Ficus* Linn

4. 草本,不具乳液;花为聚伞花序或集合为圆锥花序(III. 大麻亚科 *Cannaboideae*).

　　7. 攀援性多年生草本;茎具六棱;叶对生················7.葎草属 *Humulus* Linn

　　7. 一年生直立草本;叶互生或下部之叶对生 ··············· 8. 大麻属 *Cannabis* Linn

一、桑亚科 Subfam. MOROIDEAE

乔木、灌木、草本,具乳液;雄蕊在花芽时内折,花药外向。

族1. 水蛇麻族　Trib. **Fatoueae** Bur.

草本,花为聚伞花序;雌雄花混生或雌花单生。

本族1属2种。分布于东亚、东南亚、澳大利亚。我国均产,贵州产1种。

(一) 水蛇麻属 **Fatoua** Gaud.

　　草本。叶互生,边缘具锯齿,托叶早落。花单性同株,雌雄花混生,组成腋生头状聚伞花序,具小苞片;雄花花被4深裂,裂片镊合状排列;雄蕊4枚,花丝在蕾中内折,退化雌蕊很小;雌花花被4—6裂,裂片镊合状排列,子房偏斜,花柱侧生、延长,柱头2裂,胚珠垂悬。瘦果小,斜球形,微扁压,为宿存花被包围,果皮壳质;种皮膜质,无胚乳,胚肉质,子叶宽,相等。胚根长,向上内弯。

　　本属有两种,东亚、东南亚、澳大利亚有分布。我国东南部、南部和中部常见。贵州产1种。

1. 水蛇麻 Fatoua villosa (Thunb.) Nakai 小蛇麻　图版1

Urtica villosa Thunb.

　　草本,常分枝,高可达60厘米。枝被疏毛。叶膜质,卵形至卵状披针形,长1.5—7.5厘米,宽8—40毫米,顶端渐尖或近急尖,基部宽,近截平,边缘锯齿钝,表面疏生短刺毛,背面被柔毛和疏短刺毛,基脉三出,侧脉3—5对;叶柄长5—10毫米。花序单生或成对腋生,直径约6毫米,花序梗长约4毫米;雄花花梗短,被疏短毛,花被裂片舟状三角形,外面上部被短毛,雄蕊与花被片对生,花药近球形,花丝纤细,退化雄蕊圆锥形;雌花近无梗,花被裂片椭圆披针形，边缘有缘毛，外面被长毛，子房顶部偶有膜片状附属物，花柱侧生，细长，柱头被毛，浅2裂。瘦果小，直径1—2毫米，有棱，微扁，红褐色，表面具小瘤体，花柱宿存，苞片椭圆披针形，被长粗毛和缘毛。花期6—11月。

日本、菲律宾、中南半岛等地也有分布。我国分布于河北、江苏、浙江、江西、湖北、广东、海南、广西、云南、台湾、贵州等地区。

贵州省产铜仁地区，生于路旁、荒坡及田野上。

水蛇麻 *Fatoua villosa*（Thunb.）Nakai 张治摄

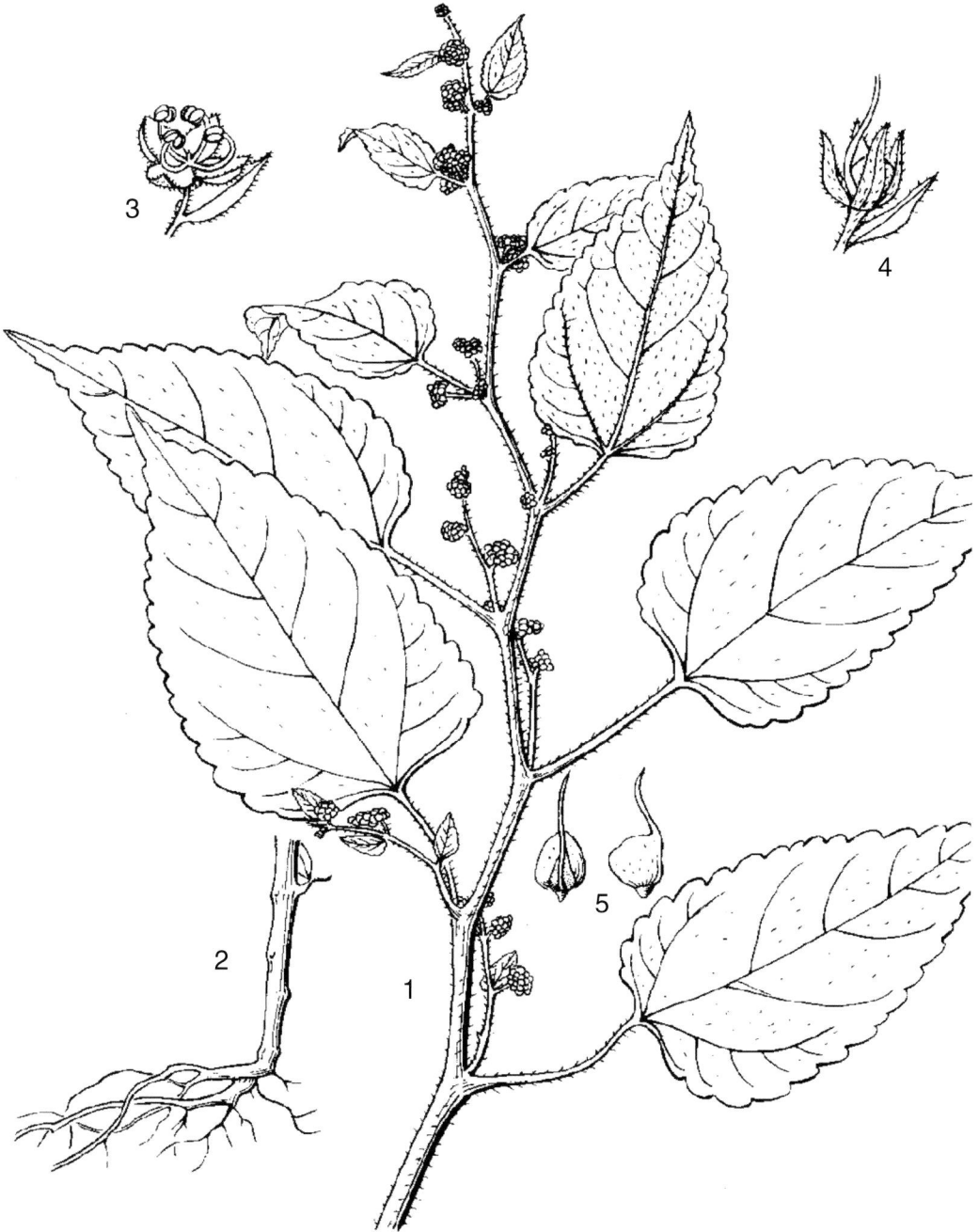

图版1 水蛇麻 *Fatou villosa*（Thunb.）Nakai：1. 植株上部花枝，2. 植株下部，3. 雄花，
4. 雌花，5. 瘦果示腹面和侧面。（谢华绘）

族2. 桑族 Trib. **Moreae** Gaud.

乔木或为灌木；雌雄花序均为假穗状花序或为柔荑花序。

本族仅桑属*Morus* Linn 1属。

（二）桑属 **Morus** Linn

落叶乔木或灌木。无刺，树皮通常鳞片状剥落；芽具3—6个覆瓦状鳞片。叶互生，边缘有锯齿或分裂，基脉掌状，少有三出脉，托叶小，侧生，早落。花雌雄异株或雌雄同株，穗状花序，具柄；雄花被片4，覆瓦状排列，雄蕊4枚与花被片对生，在花蕾中内折，退化雌蕊陀螺形，雌花被片4，排列与雄花同，结果时增大而肉质，子房1室，花柱线形，顶部2裂。果为无数包藏于肉质花被内的瘦果组成聚花果（称为桑椹果）。种子近球形，种皮膜质，胚乳丰富，肉质，胚内弯，子叶长椭圆形，胚根向上内弯。

全世界约16种，主要分布于北温带。我国有11种，各地均有分布。贵州有6种2变种。

本属植物在国民经济中的价值很高，桑叶为家蚕主要饲料；随着对桑属植物的深入研究，其利用范围已开始从家蚕饲料拓宽到畜禽饲料和医药、食用菌栽培领域等。如：果味鲜甜，果实可食用或酿酒，或榨取其汁作饮料；桑树的各部位可供药用；皮的纤维可为制纸的原料；材质坚韧，色淡褐，纹理通直，可为家具、农具、造船等用。有研究表明，用桑叶作为饲料喂养的湖羊比用谷物类饲料喂养的效果好。孙胜国等（2005）对桑属植物化学和药理研究进展进行了综述，药理活性主要有抗高血压、抗菌和抗病原微生物、抗病毒、降血糖、抗癌等作用。

桑属分种检索表

1. 雌花无花柱，或具极短的花柱（组1. 桑组 Sect. *Morus*）

  2. 聚花果长一般不超过2.5厘米，叶卵形至广卵形，边缘具锯齿，叶背脉腋具簇生柔毛 ··1.桑 *M. alba* Linn

  2. 聚花果长2.5厘米以上。

    3. 聚花果长2.5—3.7厘米，叶长圆状椭圆形，叶缘三分之一以上具钝锯齿·············· ··2.荔波桑 *M. liboensis* S. S. Chang

    3. 聚花果长4—16厘米，叶长卵形或卵形，顶端渐尖，叶全缘或上部具浅齿············ ··3.长穗桑 *M. wittiorum* Hand. -Mazz.

1. 雌花具明显的花柱（组2. 山桑组 Sect. *Dolichostylae* Koidz. ）

  4. 聚花果长3—6厘米，叶指状3—5深裂 ······ 4. 裂叶桑 *M. trilobota*（S. S. Chang）Cao

  4. 聚花果长一般在2.5厘米以下。

    5. 叶椭圆形，叶缘锯齿齿端具刺芒。

　　6. 叶背无毛，叶卵形至宽卵形，顶端渐尖或短尾尖 ·················
·························· 5a. 蒙桑 *M. mongolica* Schneid.

　　6. 叶背有毛，叶广卵形至近圆形，顶端具短尾尖 ·················
　　····· 5b. 云南桑 *M. mongolica* Schneid. var. *yunnanensis*（Koidz.）C. Y. Wu et Cao

　5. 叶卵形，叶缘锯齿齿端不具刺芒。

　　7. 叶不分裂或具1—2个缺刻状裂，或基部两侧略耳状 ·················
·························· 6a. 鸡桑 *M. australis* Poir.

　　7. 叶各种型式分裂，叶缘具多个不规则缺刻状深裂 ·················
　　················· 6b. 花叶鸡桑 *M. australis* Poir. var. *inusitata*（Lévl.）C. Y. Wu

贵州桑属植物分种树状图

```
            ┌── 桑 M. alba Linn
      桑 ───┤
      组    ├── 荔波桑 M. liboensis S. S. Chang
           │
           └── 长穗桑 M. wittiorum Hand.-Mazz.
  ┌─────
桑 │        ┌── 裂叶桑 M. trilobota (S. S. Chang)Cao
属 │        │
  │        │   ┌── 蒙桑 M. mongolica Schneid.
  │        │   ├── 蒙桑 M. mongolica Schneid. var. mongolica
  └─── 山  ┤   └── 云南桑 M. mongolica Schneid. var. yunnanensis (Koidz.)C. Y. Wu et Cao
       桑  │
       组  │   ┌── 鸡桑 M. australis Poir.
          │   ├── 鸡桑 M. australis Poir. var. australis
          └── └── 花叶鸡桑 M. australis Poir. var. inusitata(Lévl.)C. Y. Wu
```

组1.桑组 Sect. Morus

1. 桑 **Morus alba** Linn 家桑、桑树　图版2

　　乔木或灌木，高3—10米，或更高，胸径可达50厘米。树皮厚，黄褐色，有不规则浅纵裂，冬芽红褐色，有细毛，小枝灰褐色，有或无毛。叶卵形或广卵形，长5—15厘米，宽5—12厘米，先端急尖或钝，基部圆形至浅心形，稍偏斜，边缘锯齿粗钝，有时在幼树上的叶为多种分裂，表面深绿色，无毛，背面脉腋或沿脉有疏毛，脉腋有簇毛；叶柄长1.5—2.5厘米，具柔毛；托叶披针形，早落。雄花序下垂，长2—3.5厘米，略被细毛，雄花被片宽椭圆形，淡绿色，花丝在蕾期内折，花药2室，球形；雌花序长1—2厘米，被毛，总花梗长5—10毫米，雌花无柄，花被片倒卵形，外面和边缘有毛，子房无花柱。聚花果（俗称桑椹果）长1—2.5厘米，熟时红色或暗紫色，少有白色。花期4月，果期5月。

贵州各地普遍生长，也常栽培饲蚕。本种原产我国中部和北部，现各省均有栽培。朝鲜、日本、蒙古、中亚、高加索、欧洲等地区也有分布。

树皮纤维柔细，可作纺织原料及造纸原料，根皮、叶、果实及枝条入药，叶为养蚕的主要饲料，又可作土农药，木材质坚，可制家具、乐器或作雕刻材料等。

桑 *Morus alba* Linn 杨成华摄

3cm

1

2

3

图版2 桑 *Morus alba* Linn：1. 果枝，2. 雌花，3.雄花。（谢华绘）

2.荔波桑 **Morus liboensis** S. S. Chang 图版3

Morus liboensis S. S. Chang in Acta phytotax. Sinica 22（1）:66.1984.

乔木，高6—15米，胸径16—20厘米；枝圆柱形，灰褐色，冬芽卵圆形，长约3毫米，疏被柔毛。叶纸质，长圆状椭圆形，长6—12厘米，宽4—8厘米，先端急尖或为短尾状，尾长7—10毫米，基部圆形或为浅心形，边缘1/3以上具钝锯齿，表面深绿色，近基部散生白色柔毛，背面绿白色，略现点状钟乳体，中脉在表面微下陷，在背面明显隆起，侧脉3—4对，基生侧脉延伸至叶片2/3处；叶柄长2—3厘米，略被微柔毛；托叶早落。聚花果圆筒形，长2.5—3.7厘米，直径4—5毫米；核果密集，熟时红色，花被片4，宽卵形，边缘被睫毛，柱头2裂，内面具乳头状突起，总花梗长约1厘米，被微柔毛。

产贵州册亨、荔波（模式标本产地：高望，1981年5月8日，杨明珠等810255，♀，模式 holotypus，HGAS）。生于海拔600米石灰岩山地。

荔波桑 *Morus liboensis* S. S. Chang 模式标本产地的生境 谢华摄

3cm

1

2

图版3　荔波桑 *Morus liboensis* S. S. Chang：1. 花枝，2. 雌花。（谢华绘）

3. 长穗桑 **Morus wittiorum** Hand. -Mazz. 黔鄂桑 图版4

落叶乔木或灌木，高4—12米。树皮灰白色，幼枝亮褐色，皮孔明显，冬芽卵形。叶纸质，长椭圆形，长8—21厘米，宽5—9厘米，表面绿色，背面浅绿色，无毛，边缘具疏浅齿牙或近全缘，先端尖尾状，基部圆形或近圆形，基生脉三出，侧脉3—4对；叶柄长1.5—3.5毫米，上面有浅槽；托叶狭卵形，长4毫米。花雌雄异株，穗状花序，具柄，花无苞片；雄花序腋生，有短柄，花被近圆形，绿色；雌花序长9—16厘米，覆瓦状排列，子房1室，花柱2裂。聚花果窄圆柱形，长10—16厘米，瘦果卵圆形。花期4—5月，果期5—6月。

产从江、望漠、雷山、梵净山等地，生于海拔900—1400米山坡疏林中或山脚沟边。

长穗桑的形态

长穗桑的生景

长穗桑的局部特写示花序

长穗桑 *Morus wittiorum* Hand. -Mazz. 安明态摄

组2.山桑组 Sect. Dolichostylae Koidz.

4.裂叶桑 Morus trilobota （S. S. Chang）Cao　图版5

Morus trilobota （ S. S. Chang ） Cao in Acta Phytotax. Sin. 29（3）:265.1991.——*M. australis* Poir. var. *trilobata* S. S. Chang in Acta Phytot ax. Sin. 22：(1)：66.1984.

乔木，高约3.5米。幼枝红褐色，无毛或近无毛。叶纸质，长10—13厘米，宽7—10厘米口基部圆或截形，指状3—5深裂，中裂片条状披针形，长6—8厘米，宽1—1.5厘米，侧裂片较短，披针形，裂片顶端急尖或渐尖，全缘或上部具浅齿，基部单侧或两侧具耳状裂片，叶两面无毛，或背面沿主脉略具柔毛；叶柄长2—2.5厘米，疏被柔毛。雌花序腋生，长2—4厘米，宽约5毫米，圆筒状，花序轴具毛；花序柄长8—10毫米，疏被柔毛。雌花花被4片，卵形，长约2毫米，缘具睫毛；雌蕊长4—5毫米，子房长2毫米，花柱长约1毫米，柱头2，长约2毫米，内侧具柔毛。瘦果压扁，花期5—6月。

产贵州凯里，海拔800米，山坡。模式标本采自贵州凯里的雷山。

3cm

2

3

1

图版4 长穗桑 *Morus wittiorum* Hand. -Mazz.：1. 果枝，2. 小核果，3.雌花。（谢华绘）

图版5　裂叶桑 *Morus trilobota* （S. S. Chang）Cao：1. 果枝，2.雌花。（谢华绘）

5a.蒙桑 Morus mongolica Schneid. 岩桑　图版6

小乔木或灌木。树皮灰褐色，纵裂，小枝暗红色，老枝灰黑色，冬芽灰褐色，卵果形。叶长椭圆状卵形，长8—15厘米，宽5—8厘米，尖端尾尖，基部心形，边缘具单锯齿，齿尖有尖刺芒，表面无毛或有细毛；叶柄长2.3—3.5厘米。雄花序长3厘米，雄花被片暗黄色，外面及边缘被长毛，花药2室，纵裂；雌花序短圆柱状，长1—1.5厘米，总花梗纤细，长1—1.5厘米，花被片外面疏被柔毛，花柱短，柱头2裂。椹果成熟红色至紫黑色。花期3—4月，果期4—5月。

贵州产贵阳、安龙、望漠、罗甸、平塘等地，生于海拔300—1200米山坡疏林下。分布西北、西南、东北、华北、湖北、湖南、江西等省区。

蒙桑 *Morus mongolica* Schneid. 谢华摄

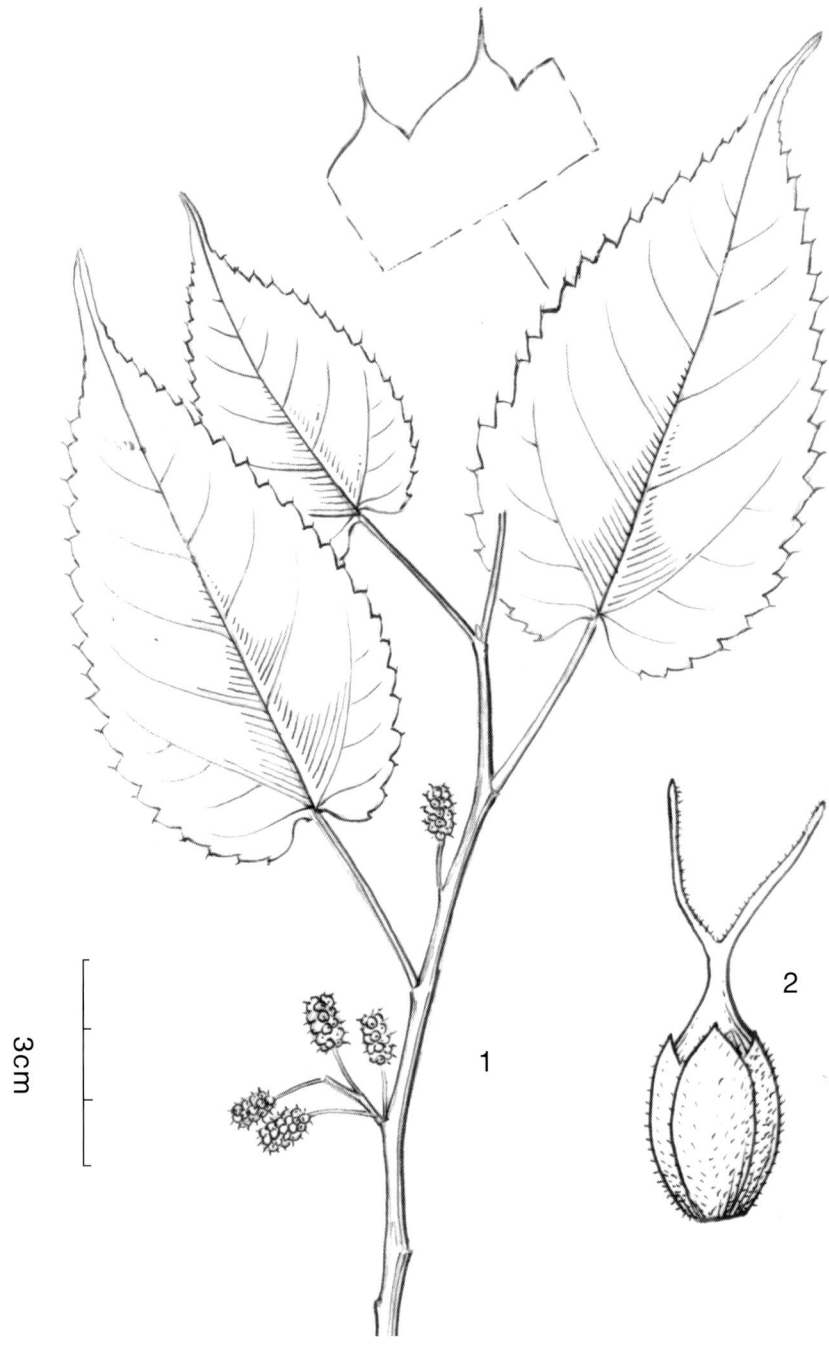

图版6 蒙桑 *Morus mongolica* Schneid.：1. 果枝，2.雌花。（谢华绘）

5b.云南桑 Morus mongolica Schneid. var. **yunnanensis** （Koidz.）C. Y. Wu et Cao 图版7

Morus mongolica Schneid. var. *yunnanensis* （Koidz.） C. Y. Wu et Cao in Acta Bot. yunnan. 17（2）:154.1995.—*M. yunnanensis* Koidz. InFl. Symb. Orien-Asia 89.1930.

小乔木或灌木，高2—6米。树皮灰黑色，纵裂。叶广卵形至近圆形，边缘锯齿圆钝，齿尖有短刺芒，表面深绿色，疏生短粗毛，背面色浅，干后黄褐色，有短硬毛和密生细柔毛；叶柄粗壮，长3—4厘米。

贵州产开阳、罗甸等地。生于海拔1000—3200米路边灌丛中。

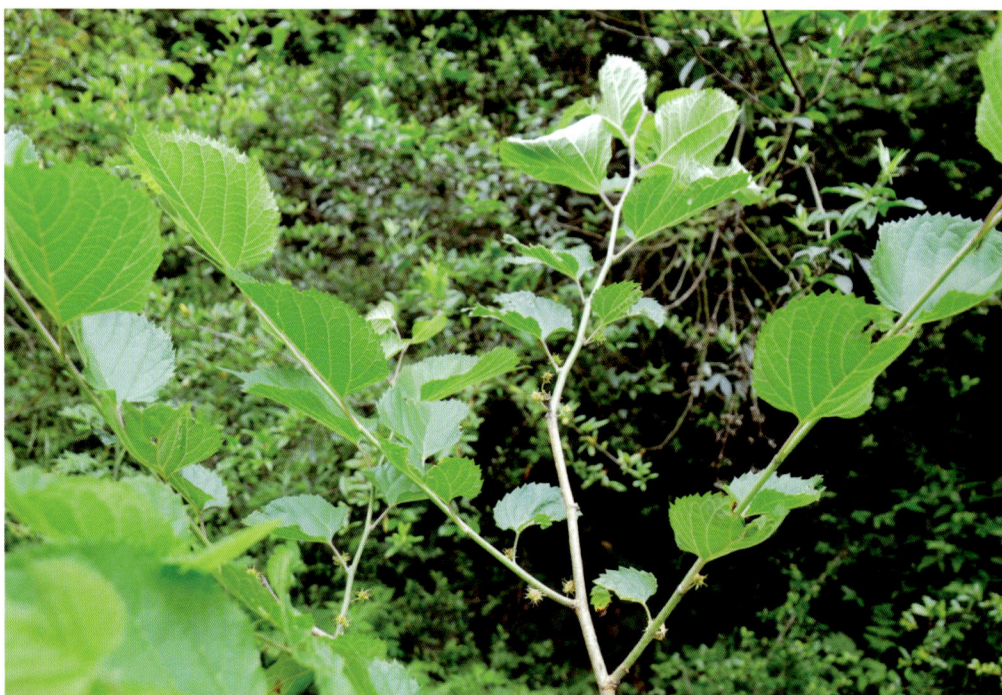

云南桑 *Morus mongolica* Schneid. var. *yunnanensis* （Koidz.）C. Y. Wu et Cao 谢华摄

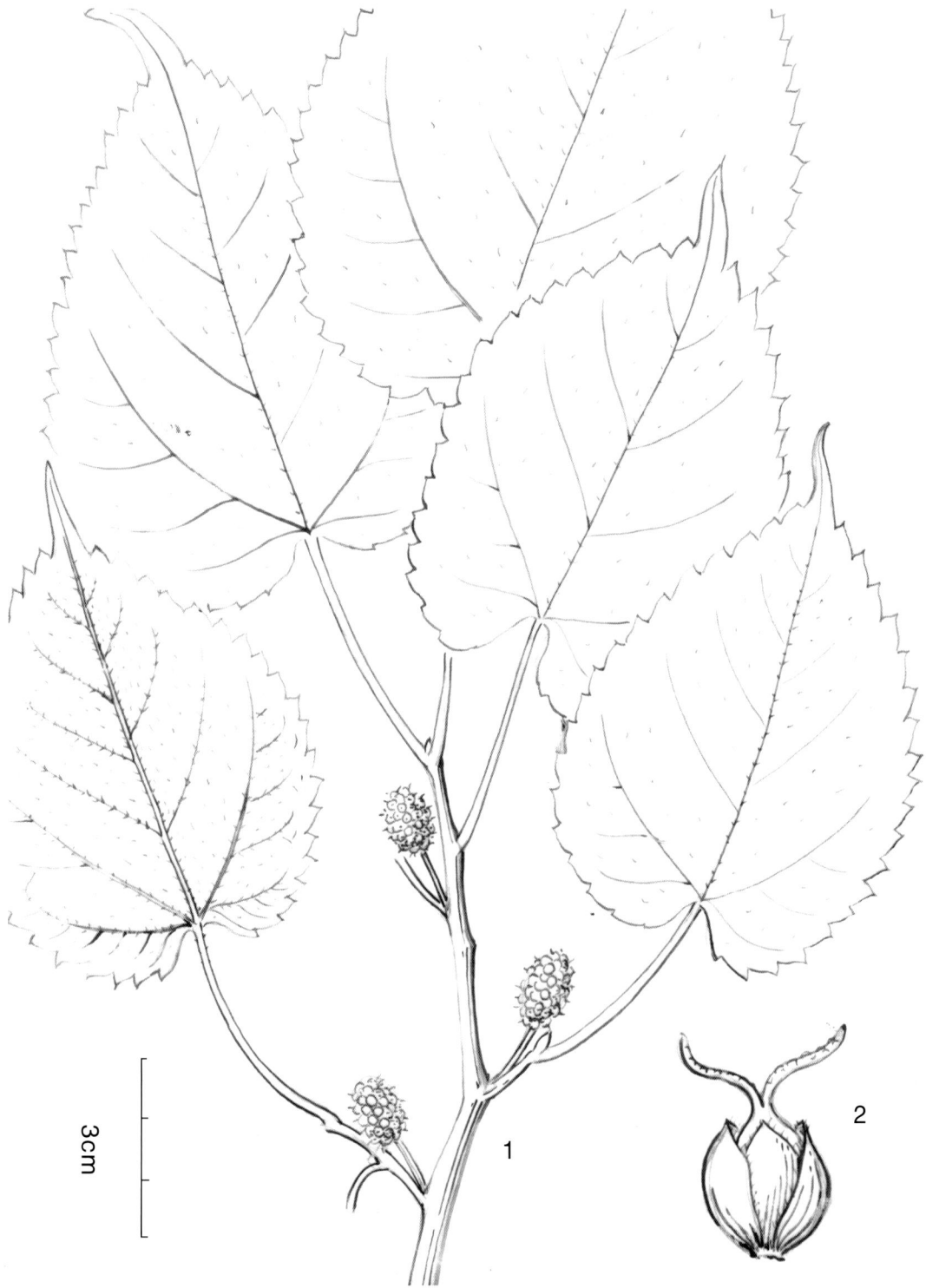

图版7 云南桑 *Morus mongolica* Schneid. var. *yunnanensis* （Koidz.）C. Y. Wu et Cao：1. 果枝，2. 雌花。（谢华绘）

6a.鸡桑 **Morus australis** Poir. 小叶桑、山桑 图版8

灌木或小乔木。树皮灰褐色，冬芽大，圆锥状卵形。叶卵形，长5—14厘米，宽3.5—12厘米，先端急尖或尖尾状，基部楔形或心形，边缘具粗锯齿，不裂或3—5裂，表面粗糙，密生短刺毛，背面疏被粗毛；叶柄长1—1.5厘米，被毛；托叶披针形。雄花序长1.5—2.5厘米，被柔毛，花绿色，具短梗，花被片卵形，花药黄色；雌花序近球形，长约1厘米，密被白色柔毛，花被片长圆形，暗绿色，柱头2深裂。聚花果长约1厘米，有红、白、暗紫等颜色。花期3—4月，果期4—5月。

产贵州各地，多生于海拔200—1500米的山坡林下或灌丛中。分布甘肃、陕西、四川、云南、河北、河南、广西、广东、山东、安徽、江西、福建、台湾等地。朝鲜、日本、印度、中南半岛有分布。

鸡桑 *Morus australis* Poir. 谢华摄

图版8 鸡桑 *Morus australis* Poir.: 1.果枝，2.雌花，3.叶背部分放大。（谢华绘）

6b.花叶鸡桑 **Morus australis** Poir. var. **inusitata**（Lévl.） C. Y. Wu　图版9

Morus australis Poir. var. *inusitata*（Lévl.） C. Y. Wu in Acta Bot.Yunnan. 11（1）:25.1989.

叶宽卵形，叶缘具多个不规则缺刻状深裂。

贵州产贵阳、荔波、松桃、印江、望谟、罗甸、雷山等地。生山坡荒地林缘。海拔500—1000米。分布陕西、甘肃、江苏、浙江、江西、福建、湖北、湖南、广东、广西、海南、四川、云南等省区。

花叶鸡桑 *Morus australis* Poir. var. *inusitata*（Lévl.） C. Y. Wu 谢华摄

图版9 花叶鸡桑 *Morus australis* Poir. var. *inusitata*（Lévl.）C. Y. Wu：1. 果枝，2. 雌花。（谢华绘）

族3. 构树族 Trib. **Broussonetieae** Gaud.

无刺乔木或灌木，或为木质攀援藤状灌木；雄花序假穗状或总状；雌花序为球形头状花序。

本族有2属，即构属*Broussonetia* L´ Hert. ex Vent.和牛筋藤属*Malaisia* Bl.，贵州只产构属*Broussonetia* L´ Hert. ex Vent.。

（三）构属 **Broussonetia** L´ Hért. ex Vent.

落叶乔木或灌木，或为蔓生性灌木。有乳液。叶互生，分裂或不分裂，有锯齿，基脉三出，托叶侧生，早落。花雌雄异株或同株，雄花为下垂茅黄花序或球形头状花序，有小苞片，花被4裂，裂片镊合状排列，雄蕊4枚与裂片对生，花丝在花蕾中内折，退化雌蕊小；雌花极多数，组成假头状花序，苞片宿存，花被管状，顶部3—4裂或全缘，宿存，子房内藏，具柄，花柱侧生，线形，胚珠自室顶垂悬。聚花果球形，胚弯曲，子叶圆形，扁平或对褶。

本属4种，分布于亚洲东部和太平洋岛屿。我国均产，分布西南至东南各省区。贵州产2种。

本属的模式种：构树*Broussonetia papyrifera* (Linn) L´ Hér. ex Vent.

中医学上称构树果为楮实子，与根共入药，功能补肾、利尿、强筋骨。可用于腰膝酸软、肾虚目昏、阳痿、水肿等症；叶片清热，凉血，利湿，杀虫，可用于鼻衄、肠炎、痢疾等症；树皮利尿消肿，祛风湿，可用于水肿、筋骨酸痛等症；树汁外用，主治神经性皮炎及癣症。

构树树皮为优质造纸原料；构树能抗二氧化硫、氟化氢和氯气等有毒气体，可作大气污染严重的工矿区绿化树种。为抗有毒气体(二氧化硫和氯气)强的树种，可在大气污染严重地区栽植。构树可用作为荒滩、偏僻地带及污染严重的工厂的绿化树种。作为牲畜饲料，构树叶优势十分突出：蛋白质含量高达20%～30%，氨基酸、维生素、碳水化合物及微量元素等营养成分也十分丰富。

通过对构树的野外调查和研究测定，发现构树繁殖容易，栽培简单，管理粗放。构树有较高的耐旱生产潜力，对水分亏缺的适应能力也较强，而且树形优美，较少病虫害。近年来，我国有的地区先后在污染较重的工矿区、风沙严重的砂石场、山坡荒地、林荫地水旁、主干道庭院等不同生态环境下，采用成片、孤植等形式栽植构树。据观察，构树均表现良好，园林绿化效果十分明显。因此，构树在改变城市形象、改善生态环境等方面具有广阔的应用前景。

构属分种检索表

1. 乔木，枝粗而直；叶广卵形至长椭圆状卵形，背面密被细绒毛，不裂或3—5裂，叶柄长2.3— 8厘米；托叶卵形，狭渐尖，长1.5—2×0.8—1厘米；花雌雄异株，雄花序粗壮，长

3—8厘米；聚花果直径1.5—3厘米；瘦果具与之等长的长柄；花柱单生⋯⋯⋯⋯⋯⋯⋯⋯⋯⋯⋯⋯⋯⋯⋯⋯⋯⋯⋯⋯⋯⋯ 1. 构树 Broussonetia papyrifera （Linn）L´ Hér. ex Vent.

1. 灌木或蔓生灌木，枝纤细；叶卵状椭圆形至斜卵形，不裂或3裂，叶柄长5—20毫米；托叶小，线状披针形，渐尖，3—5×0.5—1毫米；花雌雄同株或异株；雄花序球形或短圆柱状；聚花果直径8—10毫米；瘦果具短柄，花柱仅在近中部有小突起。

　2. 直立灌木；花雌雄同株，雄花序球形头状，直径8—10毫米；叶斜卵形或卵形，基部圆至截形，边缘锯齿粗⋯⋯⋯⋯⋯⋯⋯⋯⋯⋯⋯ 2. 小构树 Broussonetia kazinoki Sieb.

　2. 蔓生藤状灌木小枝显著伸长；花雌雄异株；雄花序短圆柱状，长1.5—2.5厘米，叶近对称的卵状椭圆形，基部心形或心状截形，边缘锯齿细⋯⋯⋯⋯⋯⋯⋯⋯⋯⋯⋯⋯⋯⋯⋯⋯ 3. 蔓构 Broussonetia kaempferi Sieb. var. austrlis Suzuki

组1. 构树组 Sect. **Broussonetia**

1. 构树 Broussonetia papyrifera （Linn）L´ Hér. ex Vent. 褚桃、褚，谷桑、谷树 图版10：1—5

Morus papyrifere Linn

乔木，高达10—20米。树干常屈曲，树皮暗灰色，平滑，枝条粗壮、开展，幼枝密被粗毛。叶广卵形至长椭圆状卵形，长6—18厘米，宽5—9厘米，顶端渐尖，基部心形或偏斜，边缘有粗锯齿，不分裂或3—5裂，表面粗糙，被刺毛，背面密被粗毛和柔毛，侧脉每边7—8条，叶柄长2.5—8厘米，密被粗毛。雄花序下垂，长6—8厘米，花密集，苞片披针形，被粗毛，花被4深裂，裂片三角状舟形，被粗毛，雄蕊4枚，花药近球形，退化雌蕊细小；雌花序假头状，花密集，苞片多数，棍棒状，被毛，花被管椭圆形，上部收缩成一短管，顶端与花柱紧贴，子房卵圆形，柱头线形有毛。聚花果直径1.5—2厘米，橙红色，小核果扁球形，表面有小瘤体。花期5—7月，果期7—9月。

贵州各地普遍产有，多为野生，少有栽培。

构树的生境

构树果枝

构树雄花枝

构树 *Broussonetia papyrifera* （Linn）L´Hér. ex Vent. 谢华摄

图版10　1—5. 构树 *Broussonetia papyrifera* （Linn）L´Hér. et Vent.：1. 雌花枝，2. 雄花枝，3. 雄花，4. 雌花，5. 叶背面一部分。6—8. 小构树 *Broussonetia kazinoki* Sieb.：6. 雌雄花枝，7—8. 雄花。9—13. 蔓构 *Broussonetia kaempferi* Sieb. var. *austrlis* Suzuki：9. 雌花枝，10. 雄花枝，11. 叶背面，12. 雌花，13. 雄花。（张培英绘）

2. 小构树 Broussonetia kazinoki Sieb.（秦岭）图版10：6—8

灌木，高2—4米。小枝斜上，幼时被毛，成长脱落。叶卵形至斜卵形，长3—7厘米，宽3—4.5厘米，先端渐尖至尾尖，基部近圆形或斜圆形，边缘具三角形锯齿，不裂或3裂，表面粗糙，背面近无毛；叶柄长约1厘米；托叶小，线状披针形，渐尖，长3—5毫米，宽0.5—1毫米。花雌雄同株；雄花序球形头状，直径8—10毫米，雄花花被3—4裂，裂片三角形，外面被毛，雄蕊3—4，花药椭圆形；雌花序球形，被柔毛，花被管状，顶端齿裂，或近全缘，花柱单生，仅在近中部有小突起。聚花果球形，直径8—10毫米；瘦果扁球形，外果皮壳质，表面具瘤体。花期4—5月，果期5—6月。

贵州各地普遍产有，多为野生，少有栽培。生于中海拔以下，低山地区山坡林缘、沟边、住宅近旁。台湾及华中、华南、西南各省区均产。日本、朝鲜也有分布。

小构树 *Broussonetia kazinoki* Sieb. 谢华摄

3. 蔓构 Broussonetia kaempferi Sieb. var. austrlis Suzuki 藤构 图版10：9—13

灌木。枝蔓生，叶纸质，长卵形，长3—7厘米，宽2—25厘米，顶端长渐尖，基部浅心形，常不对称，边缘有细锯齿，表面疏生粗毛，背面较密；叶柄长6—10毫米，有粗毛。雄花序长2.5—3厘米，被毛，花稀疏，有苞片，花被4深裂，裂片舟状卵圆形，外面略被粗毛，雄蕊4枚，花药近球形，退化雌蕊小；雌花序球形，苞片多数，上部膨大，顶端有3—4条长芒，雌花花被管长椭圆形，上部收缩与花柱紧贴，有锐齿2—3，子房倒卵形，花柱线形。聚花果熟时直径8—10毫米，橘红色，小核果椭圆形，表面具瘤，一侧有硬缘。花期4—5月，果期5—6月。

贵州南部生长于山野、田边或村寨附近。

蔓构　*Broussonetia kaempferi* Sieb. var. *austrlis* Suzuki　谢华摄

二、波罗蜜亚科 Subfam. **ARTOCARPOIDEAE** R. Br.

乔木或灌木，稀为匍匐灌木。花通常单性，雌雄花序均为球形花序，或仅雄花序为穗状，或雌雄花序均生于中空的花序托内壁。花序托张开或为圆柱形或头状。

族4. 波罗蜜族 Trib. **Artocarpeae** R. Br.

花序托张开。雌花序为头状花序；雄花序圆柱状或穗状。

本族贵州有2属，即波罗蜜属*Artocarpus* J. R. et G. Forst（模式属）和柘属*Cudramia* Trec.。

（四）波罗蜜属 **Artocarpus** J. R. et G. Forst

乔木。有乳液。叶互生，革质，全缘或羽状分裂，侧脉羽状，托叶成对，脱落后有疤痕。花雌雄同株，密集于球形或椭圆形的花序轴上，常与苞片混生，花序腋生或生于老茎短枝上，苞片圆形或盾形，雄花被片2—4裂，覆瓦状或镊合状排列，雄蕊1枚，花蕾时直立，开花时伸出花被外，花药2室，无退化雌蕊，雌花被片合生成管，顶端有时3—4裂，基部陷于肉质的花序轴内，子房1室，胚珠倒生，花柱顶生或侧生，2裂或不裂。聚合果由多数（有时仅1个）瘦果藏于肉质的花被、花序轴所组成，外果皮膜质至薄革质，种子无胚乳，胚直，萌发时子叶不出土。

全世界约50种，分布于斯里兰卡、印度、中南半岛、马来半岛以及所罗门群岛等地。我国约有15种，2亚种，分布于台湾、福建、云南、广西、广东、海南、四川等地，贵州仅产1种。

1.胭脂 Artocarpus tonkinensis A. Chev. ex Gagnep. 胭脂树、鸡脖子果、鸡嗉果 图版11

乔木，高达14—16米。树皮褐色，粗糙，小枝浅红褐色，常被短粗毛。叶革质，椭圆形，倒卵形或长圆形，长3—5厘米或更长，宽4—10厘米，顶端具短尖，基部楔形至圆形，全缘，表面无毛，背面散生秕糠状小鳞片，中脉及侧脉被微曲的柔毛，侧脉6—9对，背面主脉干后紫红色，网脉稻秆色；叶柄长4—10毫米，微被柔毛，托叶锥形，脱落后有疤痕。花序单生叶腋，雄花序倒卵形或椭圆形，长1—2.5厘米，总花梗短于花序，雄花被片2—3枚，有毛，雄蕊1枚，花药椭圆形，苞片有柄，盾状。聚合果近球形，花被片贴轴部分融合，结果时6—12片；瘦果椭圆形。花期夏秋，果期冬季。

贵州产望漠、罗甸沟谷阔叶林中。分布中南半岛（越南北部、柬埔寨）。我国南方各省区如广东、海南、广西、云南有分布。

胭脂 *Artocarpus tonkinensis* A. Chev. ex Gagnep. 杨成华摄

图版11 胭脂 *Artocarpus tonkinensis* A. Chev. ex Gagnep.：1. 果枝，2. 叶背部分放大。（谢华绘）

（五）柘属 Cudrania Trec.

小乔木或灌木。直立成为攀援状，有刺。叶互生，全缘，脉羽状，托叶2枚，侧生。花雌雄异株，排列为头状花序或穗状花序。雄花的花被片3—5，覆瓦状排列，苞片2—4枚与花被片贴生，雄蕊4枚，直立，退化雌蕊圆锥形或缺；雌花花被片4，包围子房，花柱2裂或不分裂。瘦果卵形，扁压，果皮坚硬，为肉质苞片和花被片包围，集生为一肉质、球形的聚花果。

本属约6种，分布于日本和澳大利亚。我国产5种，主要分布于西南和东南各地。贵州产3种。

柘属分种检索表

1. 攀援藤状灌木，叶全缘；聚花果直径2—5厘米。
　2. 枝、叶、叶柄无毛，或被微柔毛。叶椭圆状披针形或长圆形，侧脉7—10对；聚花果直径2—5厘米 …………………… 1. 构棘 *C. cochinchinensis*（Lour.）Kudo et Masam.
　2. 枝、叶、叶柄密被黄褐色短柔毛；叶卵状椭圆形，侧脉4—9 对；聚花果近球形，直径1.5—2厘米 ……………………………………………… 2. 毛柘藤 *C. pubescens* Tréc.
1. 直立小乔木或为灌木状；叶全缘或为三裂，卵形或为菱卵形，有或无毛，侧脉4—6对；聚花果直径2—2.5厘米或更大 …………………… 3. 柘 *C. tricuspidata*（Carr.）Bur. ex Lavallee

1.构棘 Cudrania cochinchinensis（Lour.）Kudo et Masam.　图版12

直立或攀援状灌木；枝无毛，具粗壮弯曲无叶的腋生刺，刺长约1厘米。叶革质，椭圆状披针形或长圆形，长3—8厘米，宽2—2.5厘米，全缘，先端钝或短渐尖，基部楔形，两面无毛，侧脉7—10对；叶柄长约1厘米。花雌雄异株，雌雄花序均为具苞片的球形头状花序，每花具2—4 个苞片，苞片锥形，内面具2个黄色腺体，苞片常附着于花被片上；雄花序直径约6—10毫米，花被片4，不相等。雄蕊4，花药短，在芽时直立，退化雌蕊锥形或盾形；雌花序微被毛，花被片顶部厚，分离或下部合生，基有2黄色腺体。聚合果肉质，直径2—5厘米，表面微被毛，成熟时橙红色；核果卵圆形，成熟时褐色，光滑。花期4—5月，果期6—7月。

贵州产于贵阳、兴义、安龙、望漠、罗甸、平塘、瓮安、凯里等地，生于海拔600—1100米地区沟边、坡脚。我国西南部至东南部有分布。

构棘 *Cudrania cochinchinensis*（Lour.）Kudo et Masam. 杨成华摄

图版12 构棘 *Cudrania cochinchinensis*（Lour.）Kudo et Masam.：1.果枝，2.雌花，3.雌花剖面，4.雄花，5.示枝刺。（谢华绘）

2. 毛柘藤 Cudrania pubescens Tréc.

木质藤状灌木，小枝圆柱形，具无叶腋生刺，幼枝密被黄褐色短柔毛，老枝灰绿色，皮孔椭圆形。叶长圆状椭圆或卵状椭圆形，长4—12厘米，宽2.5—5.5厘米，先端渐尖或短渐尖，基部宽楔或近圆形，全缘，表面近无毛，背面密被黄褐色长柔毛，中脉在表面明显隆起，侧脉5—6对；叶柄长1.5厘米，密被黄褐色柔毛；托叶早落。雌雄异株，雄花序成对腋生，球形，直径约1厘米，密被黄褐色柔毛。雄花花被4，花被片分离，下部合生，肉质，雄蕊4，花丝短，在花芽时直立，退化雌蕊圆锥形。聚花果近球形，直径1.5—2厘米，成熟时橙红色，肉质；小核果卵圆形。

产云南南部（东起富宁、金平，经西双版纳，西至六库）、贵州、广西、广东。生于海拔540—1100（—1600）米山坡林缘。缅甸、印度尼西亚（爪哇）也有分布。

注：本种在中国植物志中有记载，但没有见到标本。

3. 柘树 Cudrania tricuspidata（Carr.）Bur. ex Lavallee 奴柘、灰桑、黄桑、棉柘 图版13

落叶灌木或小乔木，高1—7米。树皮灰褐色，小枝无毛，略具棱，有棘刺，刺长5—20毫米；冬芽赤褐色。叶卵形或菱状卵形，偶为三裂，长5—14厘米，宽3—6厘米，先端渐尖，基部楔形至圆形，表面深绿色，背面灰绿色，无毛或被柔毛，侧脉4—6对；叶柄长1—2厘米，被微柔毛。雌雄异株，雌雄花序均为球形头状花序，单生或成对腋生，具短总花梗；雄花序直径0.5厘米，雄花有苞片2枚，附着于花被片上，花被片4，肉质，先端肥厚，内卷，内面有黄色腺体2个，雄蕊4，与花被片对生，花丝在花芽时直立，退化雌蕊锥形；雌花序直径1—1.5厘米，花被片与雄花同数，花被片先端盾形，内卷，内面下部有2黄色腺体，子房埋于花被片下部。聚花果近球形，直径约2.5厘米，肉质，成熟时橘红色。花期5—6月，果期6—7月。

贵州产于青岩、黄平、凯里、松桃、印江（梵净山）、施秉等地，生于山坡疏林中或路旁、村寨附近。国内分布西北、西南、华北、中南、华南、华东等地。朝鲜、日本有分布。

柘树 *Cudrania. tricuspidata*（Carr.）Bur. ex Lavallee 杨成华摄

图版13 柘树 *Cudrania tricuspidata*（Carr.）Bur. ex Lavallee：1. 果枝，2. 雌花。（谢华绘）

族5. 榕族 Trib. **Ficeae** Tréc.

无刺乔木或灌木。花生于壶形花序托内壁，有雄花、雌花、瘿花及中性花之分，雄蕊1—3或更多。

本族仅榕属*Ficus* Linn 1属。

（六）榕属 **Ficus** Linn

乔木或灌木。有时呈匍匐状或攀援状，有乳状汁液。叶互生，很少对生，全缘，有锯齿或分裂，平滑或粗糙或被毛，托叶合生或成对包围顶芽，脱落后留有环状痕迹。花雌雄同株或异株，生于肉质、球形、卵形、梨形等形状的隐头花序内(或花序托、或榕果)，雌雄同株的花序托内有雄花，瘿花和雌花混生，或雄花生于花序托口部附近，雌雄异株的即雄花和瘿花同生于一花序托内，雌花生于另一植株花序托内，通常雌花较多。花序托腋生或生于老茎或无叶小枝上，口部为覆瓦状排列的苞片遮蔽，基生苞片3枚或合生为盘状。雄花花被片2—6裂，雄蕊1—2枚，少有3—4枚的，花丝在花蕾中直立，退化雄蕊缺；雌花花被片2—6枚或不完全，子房直或偏斜，花柱侧生；瘿花与雌花相似，子房为膜翅类昆虫的蛹所盘踞。瘿果小，骨质。

本属约1000种，主要分布热带地区。我国约产98种，3亚种，43变种2变型。主要分布西南部至东部和南部。贵州产41种，13变种，1亚种及1变型。

本属绝大多数的韧皮纤维可作麻类代用品，有些种类的榕果成熟时可食，果或根可作药用，木材可作工艺用具，且为紫胶虫寄主树。

榕属系统总览

亚属1. 榕亚属 Subgen. *Urostigma*（Gasp.）Miq.

雌雄同株。大树，幼时多附生，有板根或气生根。叶革质，全缘。榕果多腋生，稀老茎生。

组1. 榕组 Sect. *Urostigma* Miq.

大乔木。子房全部或上部红褐色。顶生苞片下陷。雄花生于内壁近口部。叶背面有钟乳体，叶柄通常有关节。

组2. 印度榕组 Sect. *Stilpnophyllum* Endl.

大乔木，叶厚革质，叶脉两面不明显，托叶甚长，红色。榕果总梗短而粗或无；基生苞片早落。叶两面有钟乳体。

组3. 环纹榕组 Sect. *Conosycea*（Miq.）Corner

大树。叶薄革质，侧脉疏离或细而密，托叶短。榕果顶生苞片突起或内析。子房白色，基部有红斑。叶柄通常无关节，叶背面有钟乳体。

亚组1. 环纹榕亚组 Subsect. *Conosycea*

侧脉疏离，肋间有网脉。榕果基生苞片宿存。雄花多数。

亚组2. 大叶水榕亚组 Subsect. *Dictyoneuron* Corner

侧脉疏离，肋间无网脉。榕果基生苞片宿存或脱落。雄花少数。

亚组3. 垂叶榕亚组 Subsect. *Benjamina*（Miq.）Corner

侧脉细密，次生侧脉与初生侧脉平行展出，两面明显突起。

亚属2. 白肉榕亚属 Subgen. *Pharmacosycea* Miq.

乔木。无附生根、板根和气生根。雌雄同株，雄花生榕果内壁近口部，雄蕊1—3。子房白色或基部具红斑。花间有苞片。脉腋有腺体。无茎花。

组1. 白肉榕组 Sect. *Oreosycea*（Miq.）Corner

特征同亚属。

亚属3. 聚果榕亚属 Subgen. *Sycomorus*（Gasp.）Miq.

高大乔木。榕果生于老茎发出的瘤状短枝，梨形。雌雄同株，雄花生于榕果内壁近口部，左右压扁，无花柄，雄蕊2，稀为1或3，花丝下部合生。花被片常具撕裂状齿，花间无苞片。多为茎花植物。

亚属4. 无花果亚属 Subgen. *Ficus*

雌雄异株。花间无苞片。瘿花花柱远比雌花柱头短。雌花柱头2裂或单1。

组1. 无花果组 Sect. *Ficus*

中型乔木或灌木，雄花多具柄，生于榕果内壁近口部或散生。花被片全缘，红色或有刺毛。柱头2裂，稀单1。

亚组1. 无花果亚组 Subsect. *Ficus*

瘦果光滑，稀具龙骨。花被片无毛。雄花生于榕果内壁近口部或散生。花药无短尖。叶有钟乳体。

亚组2. 绵毛榕亚组 Subsect. *Eriosycea*（Miq.）Corner

瘦果有瘤点或刺毛，基部有双龙骨。花被片红色至黄白色，被毛，雄花生于榕果内壁近口部，雄蕊2，稀为1或3。叶无钟乳体。

组2. 大果榕组 Sect. *Neomorphe* King

大乔木，常有板根，多为茎花植物。叶大。雄花生于榕果内壁近口部。花被片分离或合生。瘦果光滑，微具龙骨。柱头单1，有或无毛。

组3. 岩木瓜组 Sect. *Sinosycidium* Corner

灌木或为乔木。托叶分生。雄花有或无柄，花被片白色或肉色，膜质，花药无短尖。子房白色，柱头浅2裂。瘦果长圆形，光滑。榕果体有侧生苞片。茎花植物。

组4. 糙叶榕组 Sect. *Sycidium*（Miq.）Corner

榕果有或无侧生苞片。雄花有柄，花被片分离或合生，红色或白色，雄蕊1稀为2。花柱近顶生，柱头棒状，单1。瘦果透镜状或短长圆形，具单层龙骨。

亚组1. 糙叶榕亚组 Subsect. *Sycidium*

瘦果透镜状，长宽近相等，略具龙骨。雄花无退化雌蕊，偶有残余物。榕果具总梗。叶有钟乳体。灌木，非附生。

亚组2. 山榕亚组Subsect. *Varinga*（Miq.）Corner

相近于糙叶榕亚组，但瘦果短长圆形。花被片和子房均为白色。乔木或灌木状，无附生者。

亚组3. 斜叶榕亚组Subsect. *Palaeomorphe*（King）Corner

瘦果短长圆形，有龙骨或顶部浅囊状，光滑。雄花有退化雌蕊。榕果无总梗。乔木，灌木、藤本或附生。

组5. 对叶榕组 Sect. *Syeocarpus* Miq.

花被合生，全缘，膜质或不为膜质。雄花生于榕果内近上部。雄蕊1—2。瘿花柱头宽漏斗形。雌花柱头与瘿花同，但较长。榕果有或无侧生苞片。叶对生或不对生。通常为茎花植物。

亚组1. 对叶榕亚组Subsect. *Sycocarpus*

榕果有或无侧生苞片。瘦果透镜状，微具龙骨，粗糙或光滑，或有瘤点，种脐突起，花柱短，近顶生。叶大，对生或互生。

组6. 薜荔榕组 Sect. *Rhizocladus* Endl.

攀援或匍匐植物，节上生根。叶排为两列，革质，全缘。榕果无侧生苞片。雌花柱头2裂，雄花和中性花生于榕果内壁近口部，稀散生，多无柄。雄蕊2，花药有或无短尖，花被片3—5，红色。瘦果长圆形，稍扁，有龙骨。

榕属分亚属、组检索表

1. 雌雄同株，花间具苞片，或无苞片(聚果榕亚属，一种)。

  2. 大榕树具绞杀的气生根或匍匐的不定根，叶柄顶端背部具1腺体，或无。榕果壁具2层石细胞，或1层；雄蕊1（1. 榕亚属 Subgen. *Urostigma*（Gasp.）Miq.）

    3. 子房全部红褐色，或上部为红褐色；雄花集中在榕果孔口，或散生。叶背面具钟乳体 ···组1. 榕组 Sect. *Urostigma* Miq.

    3. 子房白色。或仅基部具1红斑；雄花在榕果内散生；叶两面具钟乳体，有时仅生叶背或无。

      4. 叶二级侧脉和一级侧脉一样，不突起，叶厚革质，叶背面生钟乳体。托叶长；榕果基生苞片早落·················组2. 印度榕组 Sect. *Stilpnophyllum* Endl.

      4. 叶二级侧脉不如一级侧脉明显，托叶短，榕果基生苞片宿存或脱落；叶革质或薄革质，两面具钟乳体 ··············组3. 环纹榕组 Sect. *Conosycea*（Miq.）Corner

  2. 乔木，稀为灌木，不附生；叶主脉基部脉腋常具腺体；榕果壁散生石细胞，或无；雄蕊常2枚，或1—3枚。

    5. 雄花在榕果内散布，或集中于孔口。常具柄；雄蕊1—3枚，花丝分离，或稍联合；子房白色，或基部淡红色；柱头一般2裂；花被片全缘，具花间苞片；叶多全缘（有些种幼树上叶具齿）；稀为老茎生花（2. 白肉榕亚属 Subgen. *Pharmacosycea* Miq.，亚洲仅1组；白肉榕组 Sect. *Oreosycea*（Miq.）Corner）

5. 雄花集中在榕果孔口附近，无柄，雄蕊2（1—3），花丝下部联合；子房暗红色；柱头1；花被片常具撕裂齿（雄花花被全缘）；无花间苞片；叶常具齿，多数老茎生花（3. 聚果榕亚属 Subgen. *Sycomorus*（Gasp.）Miq. 只1种：*Ficusa racemosa* Linn）

1. 雌雄异株，花间无苞片（4. 无花果亚属 Subgen *Ficus*）

6. 乔木或灌木，有时附生，绞杀或攀援植物(稀为根攀援)，瘦果不为长圆形，毛不具隔，腺毛不为盾状。

7. 花被分离，如合生则浅裂，瘿花柱头狭漏斗形至近棒状；叶基主脉脉腋具腺体。

8. 雄蕊2或更多，稀为1枚；榕果无侧生苞片，具3枚基生苞片；叶对称。

9. 灌木或中等乔木，稀具匍匐枝或老茎生花；雄花大部具柄，集中在孔口或散生；花丝分离；花被暗红或粉红，花柱细，柱头常2裂⋯⋯⋯⋯⋯⋯⋯⋯⋯⋯⋯⋯⋯⋯⋯⋯⋯⋯⋯⋯⋯⋯⋯⋯⋯⋯⋯组1. 无花果组 Sect. *Ficus*

9. 大乔木，树干基部常具板根，多数老茎生花；雄花无柄，集中在孔口，花丝稍联合。花被苍白或红色，或撕裂状，柱头单一⋯⋯⋯⋯⋯⋯⋯⋯⋯⋯⋯⋯⋯⋯⋯⋯⋯⋯⋯⋯⋯⋯⋯⋯⋯⋯⋯ 组2. 大果榕组 Sect. *Neomorphe* King

8. 雄蕊1，如为2枚则榕果具侧生苞片，或无基生苞片；叶常不对称。

10. 雄花散生，或集中生孔口，雄蕊2，雌花柱头2浅裂；榕果无基生苞片，具侧生苞片 ⋯⋯⋯⋯⋯⋯⋯⋯ 组3. 岩木瓜组 Sect. *Sinosycidium* Corner

10. 雄花集中在孔口；雄蕊1，稀2，雌花柱头单1；榕果具基生苞片，如为侧生基极偏斜 ⋯⋯⋯⋯⋯⋯⋯⋯ 组4. 糙叶榕组 Sect. *Sycidium*（Miq.）Corner

7. 花被合生（囊状、杯状或环状），全缘（有时被扩大的子房撕裂），膜质。瘿花柱头成宽漏斗状；叶基生脉脉腋无腺体⋯⋯⋯⋯组5. 对叶榕组 Sect. *Sycocarpus* Miq.

6. 根攀援植物；瘦果长圆形，毛一般具隔，具盾状腺毛。雄花集中在孔口，不为老茎生花 ⋯⋯⋯⋯⋯⋯⋯⋯⋯⋯⋯ 组6. 薜荔榕组 Sect. *Rhizocladus* Endl.

榕属分种检索表

1. 雌雄同株，花间有苞片，无侧生苞片；雄花少数；很小；瘦果光滑。

2. 大榕树具绞杀的气生根或匍匐的不定根，叶柄顶端背部具1腺体或无。榕果壁具1—2层石细胞；雄蕊1枚（1. 榕亚属 Subgen. *Urostigma*（Gasp.）Miq.）

3. 子房全部或上半部为红褐色；雄花集中在榕果孔口，或散生榕果内壁。叶背面具钟乳体（组1. 榕组 Sect. *Urostigma* Miq.）

4. 落叶或半落叶乔木；榕果内有多数刚毛；基生苞片宿存；榕果无总梗。

  5. 叶椭圆状披针形。先端钝尖，基部楔形；榕果具柄…………1a. 黄葛树 *F. virens* Ait.

  5. 叶近披针形，先端渐尖。基部近圆形；榕果无柄 ………………………………………

    ………………… 1b. 披针叶黄葛树 *F. virens* Ait var. *sublanceolata*（Miq.）Corner

4. 常绿乔木；榕果内无刚毛或很少；基生苞片早落或宿存；榕果有或无总梗。

  6. 基生苞片早落；榕果直径4—5毫米；总梗长0—5毫米，叶卵状椭圆形，侧脉多而

    平行；叶柄长1—2厘米 ……………………… 2. 小叶榕 *F. concinna*（Miq.）Miq.

  6. 基生苞片宿存；榕果直径大于10毫米，有或无总梗。

    7. 叶广卵状椭圆形，长10—20厘米，侧脉6—9对，榕果倒卵形，无总梗，基生苞

      片杯状，花柱单1 ……………………… 3. 大青树 *F. hookeriana* Corner

    7. 叶倒卵状椭圆形，长8—15厘米，侧脉7—15对；榕果球形，有总梗，基生苞片

      分离；柱头浅2裂 ……………………… 4. 直脉榕 *F. orthoneura* Lévl. et Vant.

3. 子房仅基部具1红斑；雄花在榕果内壁散生；两面或背面具钟乳体。

  8. 叶二级侧脉和一级侧脉一样，不突起，叶厚革质，叶背面生钟乳体，托叶长；榕果基生

    苞片早落（组2.印度榕组 Sect. *Stilphyllum* Endl.）………………………………………

    …………………………… 5. 印度胶树 *F. elastica* Roxb. ex Hornem.

  8. 叶二级侧脉不如一级侧脉明显，叶革质或薄革质，叶两面具钟乳体；托叶短，榕果基生

    苞片宿存或脱落；（组3.环纹榕组 Sect. *conosycea* Miq.）

    9. 侧脉疏离，脉间具网状细脉，榕果有或无总梗。

      10. 榕果球形，直径8—10毫米，有总梗，梗长3—12毫米；基生苞片早落；叶卵状

        长椭圆形，长5—20厘米，宽3—7厘米，先端渐尖。

        11. 幼枝、叶背面、榕果及总花梗均无毛 ………… 6a. 大叶水榕 *F. glaberrima* Bl.

        11. 幼枝、叶背面、榕果及总花梗均密被褐色柔毛 ………………………………

          …………… 6b. 柔毛大叶水榕 *F. glaberrima* Bl. var. *pubescens* S. S. Chang

      10. 榕果陀螺状球形，直径5—7毫米，无总梗，基生苞片宿存；叶倒卵状椭圆形，

        长5—8厘米，宽2.5—4厘米，先端短尖 ……………… 7. 豆果榕 *F. pisocarpa* Bl.

    9. 侧脉细密而多数，平行；榕果无总梗。

      12. 叶脉两面明显突起，侧脉极多数，细而平行，以致一级侧脉和二级侧脉难于区

        分；叶卵状椭圆形，长4—8厘米，宽2—4厘米；榕果直径8—15毫米，基生苞

        片不明显 ……………………………… 8. 垂叶榕 *F. benjamina* Linn

      12. 叶脉两面不明显突起，侧脉多数而平行；

        13. 叶长椭圆形，长12—18厘米，宽5—6厘米；榕果直径11—15毫米，基生苞

片半圆形，高3—4毫米 ……………………………… 9. 钝叶榕 *F. curtipes* Corner

13. 叶倒卵状椭圆形，长4—8厘米，宽3—4厘米；榕果直径6—8毫米，基生苞片广卵形，高1—2毫米 ……………………………… 10. 榕树 *F. microcarpa* Linn

2. 直立乔木，稀为灌木，不附生；叶主脉基部脉腋常具腺体；榕果壁散生石细胞，或无；雄蕊常2枚，或1—3枚。

14. 雄花在榕果内壁散布，或集中于孔口，常具柄；雄蕊1—3枚，花丝分离，或稍联合；子房白色，或基部淡红色；柱头一般2裂；花被片全缘，花间有苞片；叶多全缘（有些种幼树上叶缘具齿）；稀为老茎生花。（2. 白肉榕亚属 Subgen. *Pharmacosycea* Miq.；仅1组；白肉榕组 Sect. *Oreosycea*（Miq.）Corner）

15. 小枝无槽纹；叶革质，干后黄绿色至灰绿色，椭圆形，长4—11厘米，侧脉两面凸起，全缘或不规则分裂；雄蕊2；榕果球形，直径7—8毫米，成熟时黄色……… ……………………………… 11. 白肉榕 *F. vasculosa* Wall. ex Miq.

15. 小枝有槽纹；叶薄革质，干后茶色，长椭圆形，长6.5—14厘米，侧脉7—10对，背面凸起，全缘；雄蕊1枚，榕果球形，直径8—12毫米，成熟时茶褐色…………… ……………………………… 12. 九丁榕 *F. nervosa* Heyne ex Roth.

14. 雄花集中在榕果内孔口附近，无柄，雄蕊2（1—3），花丝下部联合；子房暗红色；柱头1；花被片常具撕裂齿（雄花花被全缘）；花间无苞片；叶常具齿，多数老茎生花，幼嫩枝和榕果被平贴毛；叶椭圆形，长10—14厘米，宽3.5—4.5厘米，先端急尖；榕果梨形，直径2—2.5厘米，成熟时深红色（3. 聚果榕亚属 Subgen. *Sycomorus*（Gasp.）Miq. 仅1种）…………13. 聚果榕 *F. racemosa* Linn

1. 雌雄异株，花间无苞片，花大，雄蕊1—5枚，雌花柱头多2裂，稀单1。（4. 无花果亚属 Subgen. *Ficus*）

16. 乔木或灌木，绞杀或攀援植物(稀为根攀援)，有时附生，瘦果不为长圆形，毛不具隔，腺毛不为盾状。

17. 花被分离，如合生则顶端浅裂。瘿花柱头狭漏斗形至近棒状；叶基主脉脉腋具腺体，叶互生。

18. 雄蕊2枚或更多，稀为1枚；榕果无侧生苞片，具3枚基生苞片；叶对称。

19. 灌木或中等乔木，稀具匍匐枝或老茎生花；雄花大部具柄，集生于榕果内壁口部或散生于内壁上；花丝分离；花被暗红色或粉红色，花柱细，柱头常2裂。（组1. 无花果组 Sect. *Ficus*）

20. 叶有钟乳体，花被无毛，瘦果光滑；不具龙骨。（亚组1. 无花果亚组 Subsect. *Ficus*）

21. 叶两面有钟乳体，披针叶，有锯齿；雄蕊2—4枚；榕果卵圆形，成熟时黄色，直径1.5厘米，顶生苞片直立，小枝具薄翅 …………………………………

.... 14. 尖叶榕 *F. henryi* Warb. ex Diels

21. 叶背面有钟乳体，叶大或很小，小枝不具薄翅。

22. 雄花集生于榕果内壁口部；叶广卵圆形，掌状分裂，边缘有锯齿；榕果大，梨形 ......
.... 15. 无花果 *F. carica* L.

22. 雄花散生于榕果内壁上或内壁口部；叶不为掌状分裂，边缘无锯齿；榕果较小；球形。

23. 瘿花有柄或无柄，花被与子房等长。

24. 雌花和瘿花子房具柄。

25. 小枝纤细；叶膜质，倒卵状长圆形或倒披针形，表面疏生贴伏毛，背面和边缘
疏生钩状刺毛；榕果近球形，直径6—8毫米，无或有极短总梗 ....
....16. 乳源榕 *F. ruyuanensis* S. S. Chang

25. 小枝粗壮；叶纸质，倒卵状椭圆形或长圆状披针形，表面粗糙，被柔毛；榕果
球形或梨形，直径大于10毫米，具长总梗。

26. 叶倒卵状椭圆形；榕果直径1.2—2厘米，幼时被粗短毛 ....
.... 17a. 天仙果 *F. erecta* Thunb.

26. 叶长圆状披针；榕果直径1—1.2厘米，被白色长柔毛 ....
.... 17b. 狭叶天仙果 *F. erecta* Thunb. var. *beecheyana* f.
Koshunensis （Hogata）Corner（变型）

24. 雌花和瘿花子房无柄，稀具柄。

27. 叶椭圆形、倒卵状椭圆形或琴形，基出脉明显，可伸达叶的1/3—1/2处。

28. 叶多形，琴形，椭圆形，倒卵状椭圆形或披针形，基部圆钝或浅心形；榕果
无总梗..............................18. 异叶榕 *F. heteromorpha* Hemsl.

28. 叶椭圆形至倒卵形，基部宽楔形；榕果具短总梗。

29. 叶基部钝圆或宽楔形；叶柄长2—5厘米 ....
.... 19a. 楔叶榕 *F. trivia* Corner

29. 叶基部狭楔形；叶柄粗壮，长1—2厘米....................................
....................19b. 光叶楔叶榕 *F. trivia* Corner var. *laevigata* S. S. Chang

27. 叶狭倒卵形、卵状披针形至披针形；基出侧脉不延伸。

30. 叶先端钝或急尖 .... 20. 变叶榕 *F. variolosa* Lindl. ex Benth.

30. 叶先端渐尖或渐尖尾状。

31. 叶先端急尖，表面粗糙，具瘤体，背面被柔毛 ....
.... 21. 冠毛榕 *F. gasparriniana* Miq.
（尚有若干变种，见后面分变种检索表）

31. 叶先端渐尖，表面不粗糙，背面无毛。

32. 叶膜质，倒卵状披针形至条状披针形，基部狭楔形。

 33. 叶倒卵状披针形，侧脉5—6对 ………… 22a. 台湾榕 *F. formosana* Maxim.

 33. 叶线状披针形，侧脉多对 ………………………………………………

  ………………… 22b. 细叶台湾榕 *F. formosana* Maxim. f. *shimadai* Hayata

32. 叶近革质或纸质，倒披针形或线状披针形，基部楔形或钝圆。

 34. 叶多集生于小枝顶；榕果圆锥形至纺锤形具纵棱，总梗长1—1.5厘米 ………

  ……………………………………… 23. 壶托榕 *F. ischnopoda* Miq.

 34. 叶排成两列散生于小枝上；榕果椭圆形，不具纵棱，总梗长2—5毫米。

  35. 叶线状披针形，干后灰绿色，榕果具短总梗 ………………………

   …………………………………… 24a. 竹叶榕 *F. stenophylla* Hemsl.

  35. 叶倒披针形，干后背面黄绿色，榕果总梗长达55毫米 …………………

   ………………… 24b. 长柄竹叶榕 *F. stenophylla* Hemsl. var. *macropodocarpa*

 （Lévl. et Vant.）Corner

23. 瘿花无柄，花被远短于子房；雌花花被也短于子房。

 36. 葡萄植物，茎上生不定根；叶倒卵状椭圆形，基部圆形至浅心形，边缘有波状疏浅圆锯

  齿；榕果球形，成对或簇生于葡萄茎 …………………… 25. 地瓜 *F. tikoua* Bur

 36. 直立灌木；叶狭椭圆形至倒披针形，基部楔形，全缘；榕果近梨形，单生于叶腋

  ………………………………………………… 26. 石榕树 *F. abelii* Miq.

20. 叶无钟乳体，花被有毛，瘦果有瘤状突起或刺毛，基部有龙骨；雄花生于榕果内壁近

 口（亚组2. 绵毛榕亚组 Subsect. *Eriosycea*（Miq.）Corner）

 37. 叶背具绒毡状白色或黄色波状长毛，毛长3—5毫米，叶广卵形，长17—27厘米，宽

  12—20厘米 ……………………………… 27. 黄毛榕 *F. esquiroliana* Lévl.

 37. 叶背毛被不为绒毡状。

  38. 叶各种形状或掌状分裂，叶背毛二型，沿主脉和侧脉被刚毛，其余部份被

   开展柔毛。

  39. 叶密被直立长柔毛；叶柄、小枝、榕果被刚毛 ………… 28a. 粗叶榕 *F. hirta* Vahl

  39. 毛被薄，开展，或几无毛，榕果几无毛，叶长椭圆形，不裂 ………………

   ………………… 28b. 薄毛粗叶榕 *F. hirta* Vahl var. *imberbis* Gagnep.

  38. 叶披针状长卵形，两面被毛，背面柔毛较密；叶柄和幼枝密被柔毛，托叶被毛 …

   ……………………………………… 29. 平塘榕 *F. tuphapensis* Drake

19. 大乔木，树干基部常具板根，多数老茎生花；雄花无柄，集中在榕果孔口，花丝稍联

 合。花被苍白或红色，或撕裂状。柱头单一（组2. 大果榕组 Sect. *Neomorphe* King）

 40. 叶广卵状心形，长15—55厘米，宽13—27厘米，背面有柔毛，全缘或具疏锯齿 ……

　　　　……………………………………………………………30. 大果榕 *F. auriculata* Lour.

　　40. 叶广卵形至倒卵形，长13—28厘米，宽10—18厘米，边缘不规则疏齿，背面无毛

　　　　……………………………………………………………31. 苹果榕 *F. oligodon* Miq.

18. 雄蕊1枚，如为2枚则榕果具侧生苞片，无基生苞片；叶常不对称。

　　41. 雄花散生榕果内壁，或集中口部，雄蕊2雌花柱头2浅裂；榕果无基生苞片，具侧生苞片（组3. 岩木瓜组 Sect. *Sinosycidium* Corner）………… 32. 岩木瓜 *F. tsiangii* Merr. ex Corner

　　41. 雄花集中榕果口部；雄蕊1枚，雌花柱头单1；榕果有基生苞片；叶基部不对称；
　　　　（组4. 糙叶榕组 Sect. *Sycidium*（Miq.）Corner）

　　　　42. 瘦果透镜状或短椭圆形，上半部或全部有龙骨；雄花无退化的子房；叶变异大，榕果有总梗。

　　　　　　43. 瘦果透镜状；榕果生于老茎下垂无叶小枝节上，球形，直径1—1.5厘米，有侧生苞片；叶倒卵短圆形，长20—25厘米，基部心形，偏斜 ……………
　　　　　　……………………………………33. 鸡嗉子榕 *F. semicordata* Buch.-Ham. ex J. E. Sm.

　　　　　　43. 瘦果短椭圆形，榕果腋生，卵圆形，直径6—8厘米，基生苞片早落；叶长圆形，长8—15厘米，两侧明显不对称… 34. 歪叶榕 *F. cyrtophylla* Wall. ex Miq.

　　　　42. 瘦果短椭圆形，顶端有龙骨，或一边斜楔形；雄花有退化子房；榕果腋生，无总梗；

　　　　　　44. 叶革质，变异很大，卵状椭圆形或菱卵形，两侧极不相等；侧脉5—7对；榕果直径6—8毫米……………35. 斜叶榕 *F. tinctoria* Forst. f. subsp. *gibbosa*（Bl.）Corner

　　　　　　44. 叶纸质，干时皱摺，斜椭圆形或倒卵状椭圆形，两侧稍不对称；榕果直径2—5毫米 ……………………………………………………36. 假斜叶榕 *F. subulata* Bl.

17. 花被合生（囊状、杯状或环状），全缘（有时被扩大的子房撕裂），膜质。瘿花柱头成宽漏斗状；叶基主脉脉腋无腺体；叶对生，椭圆形至倒卵形，长10—25厘米，宽5—10厘米；表面粗糙，被糙毛；叶柄长1—4厘米；被短粗毛（组5. 对叶榕组 Sect. *Sycocarpus* Miq.）……………………………………………37. 对叶榕 *F. hispida* Linn

16. 根攀援植物；雄花集生榕果内壁孔口，如散生则无花柄；瘦果长圆形，毛一般具隔，具盾状腺毛。（组6. 薜荔榕组 Sect. *Rhizocladus* Endl.）

　　45. 雄花和瘿花在榕果内壁散生，无柄；榕果球形，直径5—7毫米，花间无刚毛；叶排为两列，椭圆至倒卵形，长7—10厘米，两面有乳头状凸起 ……………
　　　　…………………………………………………… 38. 藤榕 *F. hederacea* Roxb.

　　45. 雄花和瘿花生于榕果内壁口部，排为1至数列，雄花多有柄，内壁花丝有刚毛；叶螺旋状排列或排为两列。

　　　　46. 叶螺旋状排列，宽卵形至近圆形，长10—15厘米，宽8—10厘米，背面网脉不突起，基生叶脉延长达叶片2/3处；叶柄长4—7厘米；榕果球形，直径1.2—2.5厘米，总梗长2—3厘米

　　　　　　　　　　　　　　　　　　　　　　　39. 光叶榕 *F. laevis* Bl.

46. 叶排为两列，背面网脉突起；基生叶脉不延长或延伸至叶的1/2处。

　　47. 叶背面不为黄色，幼时被柔毛，后脱落；榕果球形，直径1—2厘米，表面有瘤体，无总梗

　　　　　　　　　　　　　　　　40. 褐叶榕 *F. pubigera*（Wall. ex Miq.）Miq.

　　47.叶背面黄色，网脉明显，呈蜂窝状，无绵毛和波状毛或被柔毛；榕果表面无瘤体，具明显总梗。

　　　48. 叶二型，基出侧脉达叶的1/2处；结果枝上叶革质，卵状椭圆形，先端圆钝或急尖，不结果枝上叶卵状心形，先端渐尖；榕果大，梨形或近球形，长4—8 厘米，直径3—5厘米　　　　　　　　　　　　　41. 薜荔 *F. pumila* Linn

　　　48.叶同型，基出侧脉不延长，先端急尖或渐尖，榕果小，直径通常不超过2.5厘米。

　　　　49. 匍匐或攀援木质藤状灌木，叶背面绿白色至黄色，疏被褐色柔毛，网脉间有小窝孔　　　　　　　　　　　　42. 匍茎榕 *F. sarmentosa* Buch. -Ham. ex J. E. Sm.

　　　　　（尚有若干变种, 见后面分变种检索表）

　　　　49. 藤状灌木，叶背面浅绿色，密被褐色柔毛和疏生伏贴糙毛，网脉间无小窝孔，榕果近球形，直径8—10毫米 　　　　　　43. 贵州榕 *F. guizhouensis* S. S. Chang

榕属人为分种检索表

1. 乔木或灌木。
　　2. 榕果生于树干或老茎发出的枝条上 　　　　　　　　　　　　　　　　 组1
　　2. 榕果腋生或生于落叶枝叶腋。
　　　3. 叶边缘具锯齿。
　　　　4. 叶基明显偏斜 　　　　　　　　　　　　　　　　　　　　　 组2
　　　　4. 叶基不偏斜或无明显偏斜 　　　　　　　　　　　　　　　　 组3
　　　3. 叶边缘全缘。
　　　　5. 榕果无柄或近无柄。
　　　　　6. 枝、叶和叶柄均无毛 　　　　　　　　　　　　　　　　 组4
　　　　　6. 枝、叶柄及叶背具毛 　　　　　　　　　　　　　　　　 组5
　　　　5. 榕果有明显的总梗。
　　　　　7. 叶倒卵形至椭圆形，顶端圆或钝圆 　　　　　　　　　　 组6
　　　　　7. 叶各种形状，顶端不为圆形或钝圆 　　　　　　　　　　 组7
1. 非乔木或灌木（匍匐植物、攀援或藤本） 　　　　　　　　　　　　　　 组8

组1.榕果生于树干或老茎发出的枝条上。

1. 叶对生……………………………………………………………… 37. 对叶榕 *F. hispida* Linn
1. 叶互生，极稀对生，全缘或微具波状齿。

  2. 榕果具侧生苞片。

    3. 叶基部不对称。

      4. 叶长卵形或卵状披针形，基部偏斜，叶基极偏斜，一侧耳状，表面极粗糙背面密被柔毛，榕果生于无叶鞭状枝上…33. 鸡嗉子榕 *F. semicordata* Buch. -Ham. ex J. E. Sm.

      4. 叶宽倒卵形，基部常为心形，不偏斜，表面很粗糙，表面被粗糙硬毛；背面密被灰白色或褐色糙粗毛，榕果簇生于老茎基部或落叶瘤状短枝上 ………………………………………………32. 岩木瓜 *F. tsiangii* Merr. ex Corner

    3. 叶基部对称。

  2. 榕果不具侧生苞片。

    5. 叶卵状披针形至倒卵状披针形，基出侧脉不延长或稍延长，但不达叶的1/3 ………………………………………………… 13. 聚果榕 *F. racemosa* Linn

    5. 叶圆形、宽卵形至倒卵形，基出侧脉达叶的1/2～2/3。

      6. 叶圆形至广卵形，基部心形；全缘或具细齿，长15—55厘米，背面薄被短柔毛；榕果径3—5(—6)厘米，具8—12条纵棱；柄长4—6厘米，常生丛于树干基部 ………………………………………… 30. 大果榕 *F. auriculata* Lour.

      6. 叶卵形至倒卵形；上部边缘具波状齿或不规则的粗齿，长10—25厘米，背面无毛；榕果直径2—3.5厘米；柄长2.5—3.5厘米，常丛生于树干或短枝上………………………………………… 31. 苹果榕 *F. oligodon* Miq.

组2.乔木或灌木，叶边缘具锯齿，叶基明显偏斜。
叶背具较密的硬毛；幼枝、叶表面及榕果表面具硬毛；榕果具侧生苞片 ……………………………………………… 34. 歪叶榕 *F. cyrtophylla* Wall. ex Miq.

组3.乔木或灌木，叶边缘具锯齿，叶基不偏斜或无明显偏斜。
1. 叶面无毛或背面具浅毛，榕果表面光滑无毛。

  2. 叶缘具有锯齿，不分裂；叶背面具浅毛，表面无毛；榕果小，直1—2厘米，球形至椭圆形 …………………………………… 14. 尖叶榕 *F. henryi* Warb. ex Diels

  3. 叶多长椭圆形，近革质，榕果顶生苞片直立。

  3. 叶倒卵形或倒卵状披针形，纸质；榕果顶生苞片短；叶膜质，网脉不明显，干时背面白绿色。

    4. 叶倒卵状披针形，侧脉5—6对 ……………… 22a. 台湾榕 *F. formosana* Maxim.

　4. 叶线状披针形，侧脉多对 ·········· 22b. 细叶台湾榕 *F. formosana* Maxim. f. *shimadai* Hayata

　2. 叶缘具圆齿，掌状3—5裂，背面被柔毛。榕果大，直径可达8厘米，梨形或球形··········
　　　··· 15. 无花果 *F. carica* L.

1. 叶面具长毛绒或硬毛，榕果表面均被毛。

　5. 叶背具黄褐色长硬毛，毛长3—5毫米，脉间具短的，白色弯曲毡毛，叶大、心形，长
　　可达27厘米，有时3—5裂；小枝粗1—1.5厘米；榕果球形，直径2—3.5厘米··········
　　　··· 27. 黄毛榕 *F. esquiroliana* Lévl.

　5. 叶背具黄褐色硬毛，但不具毡毛；具开展的黄褐色硬毛和柔毛，叶略小，多型，常分
　　裂；小枝细，榕果较小。

　　6. 长椭圆状披针形或广卵形，有时全缘或3—5深裂，叶缘具细齿，叶背和榕果均被金
　　　黄色广展长硬毛 ····································· 28a. 粗叶榕　*F. hirta* Vahl

　　6. 叶长圆状椭圆形，叶缘具细齿，被薄毛，毛长1—2毫米，榕果几无毛··········
　　　·········· 28b. 薄毛粗叶榕　*F. hirta* Vahl var. *imberbis* Gagnep.

组4. 乔木或灌木，叶边缘全缘。榕果无柄或近无柄。枝、叶和叶柄均无毛；叶多革质。

1. 侧脉平行，多而细；叶革质，有光泽。

　2. 托叶长达叶的1/2，淡红色；叶厚革质；榕果苞片帽状，上部脱落后留一环状，榕果体
　　长1厘米，宽5—8毫米，成对生于已落叶枝的叶腋 ··········
　　　··· 5. 印度胶树　*F. elastica* Roxb. ex Hornem.

　2. 托叶短，常在1厘米以下，非红色；叶革质；榕果苞片不为帽状脱落；榕果直径
　　8—10毫米 ································· 8. 垂叶榕　*F. benjamina* Linn

1. 叶侧脉不平行，显著，脉粗而少；叶多无光泽。

　3. 叶长椭圆形或倒卵状椭圆形，先端钝圆或短尖。

　　4. 叶长椭圆形或倒卵状椭圆形，长10—16厘米，宽5—6厘米，先端钝圆，基部楔形，
　　　基生侧脉短，侧脉8—12对，两面不明显，叶柄粗壮，长1.5—2厘米；榕果球形至扁
　　　球形 ····································· 9. 钝叶榕　*F. curtipes* Corner

　　4. 叶椭圆，长15—20厘米，宽8—12厘米，先端钝或具短尖，基部宽楔形至圆形，叶厚
　　　革质，侧脉6—9对，干后网脉两面均明显，叶柄粗壮。长3—6厘米，榕果倒卵圆形
　　　至圆柱形 ····································· 3. 大青树　*F. hookeriana* Corner

　3. 叶椭圆形或倒卵形或多型，先端渐尖或急尖。

　　5. 叶不为多型，基出侧脉短或延长。

　　　6. 叶长卵形至卵形，顶端急尖至钝尖，基出侧脉延长。长5—10厘米，宽3—7厘
　　　　米，榕果直径3—13毫米 ················· 10. 榕树　*F. microcarpa* Linn

6. 叶椭圆形或倒卵状椭圆形，先端具短尖，基部圆至宽楔形，基出侧脉短。长5—8厘米，宽2.5—4厘米，榕果陀螺状球形，直径5—7毫米 ……………………………………………………………… 7. 豆果榕 *Ficus pisocarpa* Bl.

5. 叶多型、倒卵形、琴形至线状披针形；叶纸质，基出侧脉可伸达叶的1/3—1/2处。侧脉6—15对，红色，叶柄长1.5—6厘米，红色；榕果球形或圆锥形………………………………………………18. 异叶榕 *F. heteromorpha* Hemsl.

组5.乔木或灌木，叶边缘全缘。榕果无柄或近无柄。枝、叶柄及叶背具毛；叶纸质或革质。

1. 榕果直径10—15毫米，球形，有短柄；叶近光滑无毛 …………………………………………………………………………… 21a. 冠毛榕 *F. gasparrinlana* Miq.

1. 榕果直径7—10毫米，近球形，柄长1—5毫米，叶被毛。

   2. 叶菱形，边缘上部分裂为2—3对粗齿 …………… 21b. 菱叶冠毛榕 *F. gasparriniana* Miq. var. *laceratifolia*（Lévl. et Vant.）Corner

   2. 叶不为菱形，全缘。

      3. 叶倒卵状椭圆形，背面密被绵毛，干后绿色，侧脉4—6对；榕果球形，直径7—8毫米，近无柄 …………… 21c. 绿叶冠毛榕 *F. gasparriniana* Miq. var. *viridescens*（Lévl. et Vant.）Corner

      3. 叶条状披针形，侧脉多对；榕果椭圆形，柄长0.5毫米 …………… 21d. 长叶冠毛榕 *F. gasparriniana* Miq. var. *esquirolii*（Lévl. et Vant.）Corner

      4. 叶长倒卵形至倒卵披针形，宽4—8厘米，纸质。叶面密被柔毛；背面密生黄褐色糙毛；榕果球形，被短绢毛 …………… 29. 平塘榕 *F. tuphapensis* Drake

      4. 叶倒卵状长圆形或倒披针形，宽2.5—5厘米，薄纸质。叶疏生平贴毛，背面淡绿色和边缘均疏生钩状刺毛，榕果球形，无毛 …………………………………………………………… 16. 乳源榕 *F. ruyuanensis* S. S. Chang

组6.乔木或灌木，叶边缘全缘。榕果有明显的总梗；叶倒卵形至椭圆形，顶端圆或钝圆。

叶倒卵状椭圆形或椭圆形，基部浅心形 ………… 4. 直脉榕 *F. orthoneura* Lévl. et Vant.

组7.乔木或灌木，叶边缘全缘。榕果有明显的总梗；叶各种形状，但顶端不为圆形或钝圆。

1. 叶基出侧脉达叶的1/2至2/3。榕果有基生苞片，无侧生苞片。

   2. 幼枝、叶、叶柄及榕果被毛。叶倒卵形至宽倒卵形。

      3. 叶倒卵状椭圆形，厚纸质，榕果总梗粗壮，长10—25毫米；小枝密生硬毛；背面近毛 ………………………………………………………… 17a. 天仙果 *F. erecta* Thunb.

3. 叶披针形，纸质，榕果径10—15毫米；小枝、叶和叶柄密被开展糙毛 ………………
　………… 17b. 披针叶天仙果 *F. erecta* Thunb. var. *beechegana* f. *Koshunensis*(Hogata)Corner

2. 幼枝、叶、叶柄及榕果无毛，或幼时被毛，老时脱落。

4. 叶卵状披针形至菱状卵形。两端渐尖，如基部为圆形，叶则线状披针形。

4. 叶菱状卵形，基部为心形。基生侧脉直 ………………… 19. 楔叶榕 *F. trivia* Corner

5. 叶线状披针形或倒披针形，纸质。

6. 榕果球形或壶形，径5—12毫米，基部常收狭成柄；叶倒披针形；

7. 榕果壶形，基部常收狭成柄；榕果圆柱形或圆锥状，表面具槽纹，总梗长10—40毫米；叶倒披针形 …………………23. 壶托榕 *F. ischnopoda* Miq.

7. 榕果球形基部微合生，表面有瘤状凸体；总梗长8—12毫米，叶长椭圆形至披针形， ………………… 20. 变叶榕 *F. variolosa* Lindl. ex Benth.

6. 榕果球形或椭圆形，较小，径3—5毫米，基部不收狭成柄；叶线状披针形或倒披针形

8. 叶线状披针形；榕果柄长20—40毫米 ………… 24a. 竹叶榕 *F. stenophylla* Hemsl.

8. 叶倒披针形；榕果柄长达55毫米 ………………………

24b. 长柄竹叶榕 *F. stenophylla* Hemsl. var. *macropodocarpa*（Lévl. et Vant.）Corner

5. 叶卵状披针形，革质或纸质。

9. 榕果总梗短，长仅2—5毫米。

10. 落叶或半落叶乔木；榕果内有多数刚毛；基生苞片宿存。

11. 叶椭圆状披针形。先端钝尖，基部楔形；榕果具柄…1a. 黄葛树 *F. virens* Ait.

11. 叶近披针形。先端渐尖。基部近圆形；榕果无柄…………………

………………… 1b. 披针黄葛树 *F. virens* Ait var. *sublanceolata*（Miq.）Corner

10. 常绿乔木；榕果内无刚毛或很少；基生苞片早落或宿存；榕果有或无总梗………

………………………… 2. 小叶榕 *F. concinna*（Miq.）Miq.

9. 榕果总梗长5毫米以上。

12. 叶硬革质，两面有光泽，网脉极突起；榕果总梗长5毫米以上 …………………

………………………… 11. 白肉榕 *F. vasculosa* Wall. ex Miq

12. 叶薄革质，无光泽，网脉不明显突起，至少表面不明显突起。榕果总梗长3—12毫米；

13. 幼枝、叶背面、榕果及总花梗均无毛 …………6a. 大叶水榕 *F. glaberrima* Bl.

13. 幼枝、叶背面、榕果及总花梗均密被褐色柔毛 …………………

………………… 6b. 柔毛大叶水榕 *F. glaberrima* Bl var. *pubescens* S. S. Chang

1. 叶基出侧脉不超过叶的1/3。榕果无基生苞片，具侧生苞片。

14. 叶基明显偏斜，斜椭圆形或倒卵状椭圆形，顶端具尾尖；榕果小，直径2—8毫米。

15. 叶纸质或薄纸质，干时常皱摺。网脉不明显，幼枝细，灰白色；榕果小，径2—4

（—10）毫米，总梗短，2—3毫米；托叶钻形，顶芽向外弯曲（雄株）……………………
……………………………………………… 36. 假斜叶榕 *F. subulata* Bl.

  15. 叶革质，平，菱形或具不规则的棱角，网脉明显；幼枝稍粗；榕果径8—10毫米；
      总梗长2—8毫米，托叶卵状钻形；顶芽直生 ……………………………………………
…………………………… 35. 斜叶榕 *F. tinctoria* Forst. f. subsp. *gibbosa*（Bl.）Corner

 14. 叶基部两侧对称，长圆或长倒卵形，顶端急尖或钝尖，榕果大，直径1—1.2厘米，……
………………………………… 12. 九丁榕 *F. nervosa* Heyne ex Roth.

组8. 藤本、攀援或匍匐植物。

1. 匍匐藤本，逐节生根。

  2. 叶缘具粗齿，倒卵形，榕果球形，生于匍匐茎节上 …………………… 25. 地瓜 *F. tikoua* Bur

  2. 叶全缘，叶披针形，榕果梨形，生叶腋 ………………… 26. 石榕树 *F. abelii* Miq.

1. 攀援灌木或藤本。

  3. 榕果明显具总梗。

    4. 榕果大型，长3—6厘米，宽3—5厘米，总梗粗壮；小枝被毛，榕果长椭圆形或梨形
………………………………………… 41. 薜荔 *F. pumila* Linn

    4. 榕果小，直径在2—5厘米以下。

      5. 榕果总梗长1.5—3厘米；基出侧脉达叶的1/2—2/3；叶卵形至长卵形，顶端急尖，
        具尾尖，基部有时浅心形，纸质，干时常皱，变黑；榕果干时灰黑色………………
………………………………… 39. 光叶榕 *F. laevis* Bl.

      5. 榕果总梗短，一般在1.5厘米以下。

        6. 叶卵形至宽卵形，顶端钝圆或急尖，基部钝圆或心形。幼枝、叶柄无毛或疏被柔
          毛。托叶无毛；叶狭卵形，基部钝圆或宽楔形…………38. 藤榕 *F. hederacea* Roxb.

        6. 叶披针形至卵状披针形，或卵形。

          7. 叶披针形，宽一般在2.5厘米以下。

            8. 顶生苞片不突起，基生苞片短；榕果近球形。

              9. 榕果大，直径8—20毫米，背面网脉明显突起或略明显。

                10. 叶背面网脉略明显，有或无褐色柔毛。

                  11. 榕果近球形，直径15—20毫米，顶部微压扁，总梗长5—15毫米
………………… 42a. 匍茎榕 *F. sarmentosa* Buch.-Ham. ex J. E. Sm.

                  11. 榕果球形。直径10—12毫米，顶生苞片微呈脐状突起，总梗长不
                    超过5毫米 …………………………………………………………
… 42b. 白背爬藤榕 *F. sarmentosa* var. *nipponica*（Fr. et Sav.）King

10. 叶背面网脉明显突起，被褐色柔毛。

 12. 榕果直径8—12毫米，有短总梗或近无梗，侧脉10—12对，叶柄长3—3.5厘米 ·················42c. 长柄爬藤榕 *F. sarmentosa* var. *luducca*（Roxb.）Corner

 12. 榕果直径15—20毫米，无总梗；叶卵状椭圆形，侧脉6—8对，叶柄长1—1.2厘米 ··············42d. 大果爬藤榕 *F. sarmentosa* var. *duclouxii*（Lévl. et Vant.）Corner

9. 榕果较小，直径5—10毫米；背面网脉较平或明显。

 13. 叶背面近无毛，白绿色，干后变黄绿色，网脉较平；榕果直径5—9毫米，无毛或薄被柔毛 ·· ·········· 42e. 尾尖爬藤榕 *F. sarmentosa* var. *lacrymans* （Lévl. et Vant.）Corner

 13. 叶背面幼时被短柔毛，灰白色，干后浅灰褐色，侧脉及网脉甚明显；榕果直径7—10毫米，幼时被微柔毛 ·· ················· 42f. 爬藤榕 *F. sarmentosa* var. *impressa*（Champ.）Corner

8. 顶生苞片直立，基生苞片较长；榕果圆锥形，无总梗或具短梗··········· ···················· 42g. 珍珠莲 *F. sarmentosa* var. *henryi*（King ex Oliv.）Corner

7. 叶长圆形或椭圆状长圆形，或斜椭圆形或倒卵状椭圆形。

 14. 叶、幼枝无毛；榕果基部常下延成短柄。叶纸质，斜椭圆形或倒卵状椭圆形，通常两侧不甚对称，长8—15厘米，榕果球形或卵圆形，表面疏生小瘤状凸体（雌株）············ ······································· 36. 假斜叶榕 *F. subulata* Bl.

 14. 叶、幼枝和果均具毛；榕果基部不下延。叶近革质，长圆形或椭圆状长圆形，两侧对称，长5—10厘米；叶背毛稀疏，榕果近球形，表面贴生硬毛 ·················· ······································· 43. 贵州榕 *F. guizhouensis* S. S. Chang

3. 榕果无总梗或近于无总梗。叶背面褐色，网脉不突起成网眼状，榕果表面常具褐色瘤状突起 ····························· 40. 褐叶榕 *F. pubigera*（Wall. ex Miq.）Miq.

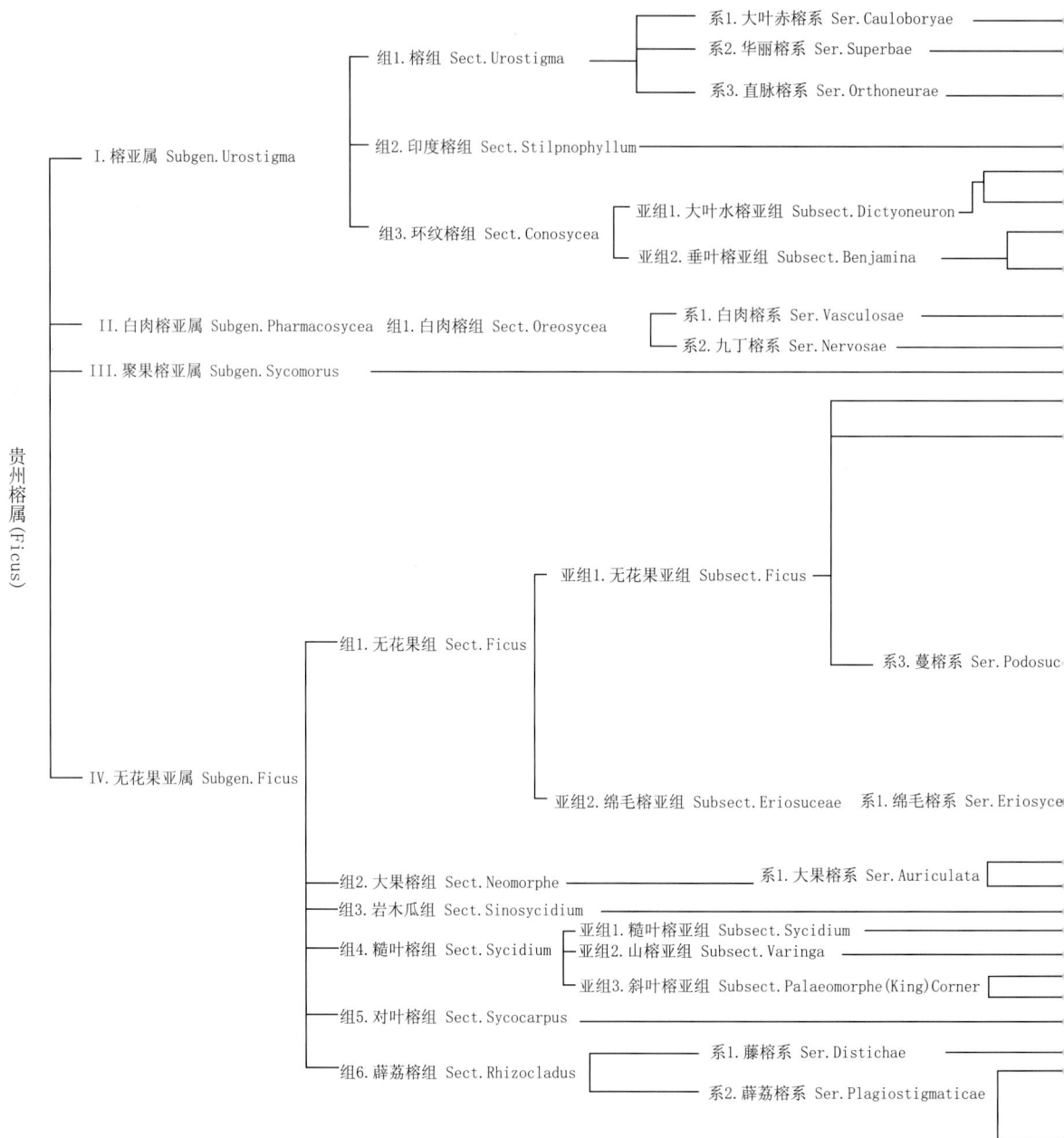

贵州榕属植

```
                                                                ┌──── 系1. 大叶赤榕系 Ser. Cauloboryae ────────
                                       ┌─ 组1. 榕组 Sect. Urostigma ──┤──── 系2. 华丽榕系 Ser. Superbae ──────────
                                       │                        └──── 系3. 直脉榕系 Ser. Orthoneurae ──────────
         ┌─ I. 榕亚属 Subgen. Urostigma ─┼─ 组2. 印度榕组 Sect. Stilpnophyllum ──────────────────────────
         │                             │                                      ┌─ 亚组1. 大叶水榕亚组 Subsect. Dictyoneuron ─┐
         │                             └─ 组3. 环纹榕组 Sect. Conosycea ──────────┤                                    │
         │                                                                   └─ 亚组2. 垂叶榕亚组 Subsect. Benjamina ──────┐
         │                                                                     ┌─ 系1. 白肉榕系 Ser. Vasculosae ──────────
         ├─ II. 白肉榕亚属 Subgen. Pharmacosycea  组1. 白肉榕组 Sect. Oreosycea ─┤
         │                                                                     └─ 系2. 九丁榕系 Ser. Nervosae ────────────
         ├─ III. 聚果榕亚属 Subgen. Sycomorus ──────────────────────────────────────────────
贵       │
州       │
榕       │
属       │                                                                    ┌─ 亚组1. 无花果亚组 Subsect. Ficus ──────────
(Ficus)  │                                          ┌─ 组1. 无花果组 Sect. Ficus ─┤
         │                                          │                         └─ 系3. 蔓榕系 Ser. Podosuc
         │                                          │
         └─ IV. 无花果亚属 Subgen. Ficus ─────────────┤                         └─ 亚组2. 绵毛榕亚组 Subsect. Eriosuceae  系1. 绵毛榕系 Ser. Eriosyce
                                                    ├─ 组2. 大果榕组 Sect. Neomorphe ──────────────── 系1. 大果榕系 Ser. Auriculata
                                                    ├─ 组3. 岩木瓜组 Sect. Sinosycidium
                                                    │                         ┌─ 亚组1. 糙叶榕亚组 Subsect. Sycidium ─────────
                                                    ├─ 组4. 糙叶榕组 Sect. Sycidium ─┤─ 亚组2. 山榕亚组 Subsect. Varinga ──────────
                                                    │                         └─ 亚组3. 斜叶榕亚组 Subsect. Palaeomorphe (King) Corner
                                                    ├─ 组5. 对叶榕组 Sect. Sycocarpus ──────────────
                                                    │                         ┌─ 系1. 藤榕系 Ser. Distichae ──────────
                                                    └─ 组6. 薜荔榕组 Sect. Rhizocladus ─┤
                                                                              └─ 系2. 薜荔榕系 Ser. Plagiostigmaticae
```

统亲缘关系图

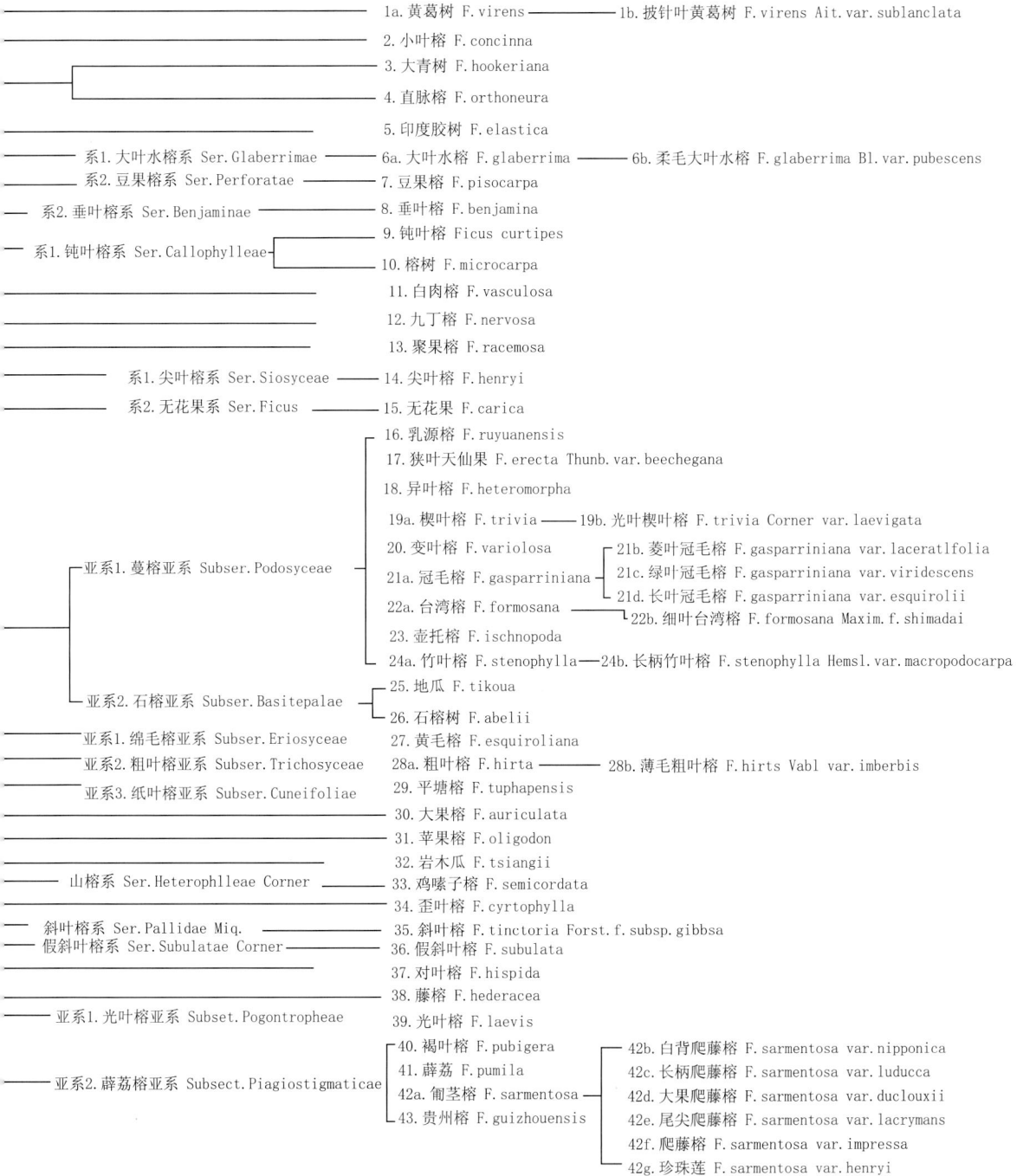

- 1a. 黄葛树 F.virens —— 1b. 披针叶黄葛树 F.virens Ait.var.sublanclata
- 2. 小叶榕 F.concinna
- 3. 大青树 F.hookeriana
- 4. 直脉榕 F.orthoneura
- 5. 印度胶树 F.elastica
- 系1. 大叶水榕系 Ser.Glaberrimae —— 6a. 大叶水榕 F.glaberrima —— 6b. 柔毛大叶水榕 F.glaberrima Bl.var.pubescens
- 系2. 豆果榕系 Ser.Perforatae —— 7. 豆果榕 F.pisocarpa
- 系2. 垂叶榕系 Ser.Benjaminae —— 8. 垂叶榕 F.benjamina
- 系1. 钝叶榕系 Ser.Callophylleae
  - 9. 钝叶榕 Ficus curtipes
  - 10. 榕树 F.microcarpa
- 11. 白肉榕 F.vasculosa
- 12. 九丁榕 F.nervosa
- 13. 聚果榕 F.racemosa
- 系1. 尖叶榕系 Ser.Siosyceae —— 14. 尖叶榕 F.henryi
- 系2. 无花果系 Ser.Ficus —— 15. 无花果 F.carica
- 亚系1. 蔓榕亚系 Subser.Podosyceae
  - 16. 乳源榕 F.ruyuanensis
  - 17. 狭叶天仙果 F.erecta Thunb.var.beechegana
  - 18. 异叶榕 F.heteromorpha
  - 19a. 楔叶榕 F.trivia —— 19b. 光叶楔叶榕 F.trivia Corner var.laevigata
  - 20. 变叶榕 F.variolosa
  - 21a. 冠毛榕 F.gasparriniana
    - 21b. 菱叶冠毛榕 F.gasparriniana var.laceratlfolia
    - 21c. 绿叶冠毛榕 F.gasparriniana var.viridescens
    - 21d. 长叶冠毛榕 F.gasparriniana var.esquirolii
  - 22a. 台湾榕 F.formosana —— 22b. 细叶台湾榕 F.formosana Maxim.f.shimadai
  - 23. 壶托榕 F.ischnopoda
  - 24a. 竹叶榕 F.stenophylla —— 24b. 长柄竹叶榕 F.stenophylla Hemsl.var.macropodocarpa
- 亚系2. 石榕亚系 Subser.Basitepalae
  - 25. 地瓜 F.tikoua
  - 26. 石榕树 F.abelii
- 亚系1. 绵毛榕亚系 Subser.Eriosyceae —— 27. 黄毛榕 F.esquiroliana
- 亚系2. 粗叶榕亚系 Subser.Trichosyceae —— 28a. 粗叶榕 F.hirta —— 28b. 薄毛粗叶榕 F.hirts Vabl var.imberbis
- 亚系3. 纸叶榕亚系 Subser.Cuneifoliae —— 29. 平塘榕 F.tuphapensis
- 30. 大果榕 F.auriculata
- 31. 苹果榕 F.oligodon
- 32. 岩木瓜 F.tsiangii
- 山榕系 Ser.Heterophlleae Corner —— 33. 鸡嗉子榕 F.semicordata
- 34. 歪叶榕 F.cyrtophylla
- 斜叶榕系 Ser.Pallidae Miq. —— 35. 斜叶榕 F.tinctoria Forst.f.subsp.gibbsa
- 假斜叶榕系 Ser.Subulatae Corner —— 36. 假斜叶榕 F.subulata
- 37. 对叶榕 F.hispida
- 38. 藤榕 F.hederacea
- 亚系1. 光叶榕亚系 Subset.Pogontropheae —— 39. 光叶榕 F.laevis
- 亚系2. 薜荔榕亚系 Subsect.Piagiostigmaticae
  - 40. 褐叶榕 F.pubigera
  - 41. 薜荔 F.pumila
  - 42a. 匍茎榕 F.sarmentosa
    - 42b. 白背爬藤榕 F.sarmentosa var.nipponica
    - 42c. 长柄爬藤榕 F.sarmentosa var.luducca
    - 42d. 大果爬藤榕 F.sarmentosa var.duclouxii
    - 42e. 尾尖爬藤榕 F.sarmentosa var.lacrymans
    - 42f. 爬藤榕 F.sarmentosa var.impressa
    - 42g. 珍珠莲 F.sarmentosa var.henryi
  - 43. 贵州榕 F.guizhouensis

I. 榕亚属 Subgen. **Urostigma**（Gasp.) Miq.

组1. 榕组 Sect. Urostigma Miq.

系1. 大叶赤榕系 Ser. Caulobotryae（Miq.）Corner

1a. 黄葛树 Ficus virens Ait. 黄桷树　图版14

　　落叶乔木。有板根或支柱根，幼时附生。叶薄革质或纸质，长椭圆形至椭圆状卵形，长10—15厘米，宽4—7厘米，顶端短渐尖，基部钝圆或楔形至浅心形，全缘，两面无毛，基生叶脉三出，侧脉7—10对，背面凸起，小脉稍明显；叶柄长2—5厘米；托叶卵形，顶端急尖，长5—10厘米。榕果单生或成对腋生或簇生于已落叶枝叶腋，球形，直径5—7毫米，成熟紫红色，有基生小苞片3，榕果有柄或无柄，雄花、瘿花、雌花生于同一榕果内；雄花无梗，少数，生内壁近口部，花被片4—5，披针形，雄蕊1枚，花药广卵形，花丝短；瘿花具梗，花被片3—4，花柱侧生，短于子房；雌花与瘿花相似，仅花柱长于子房。瘦果有皱纹，花柱延长。花期5—8月。

　　贵州产于兴义、安龙、罗甸等地，生于海拔500—800米路边、溪畔、村寨附近。四川、云南、广西、广东、江西、浙江等省区有分布。本种在我国南方常不分季节落叶。

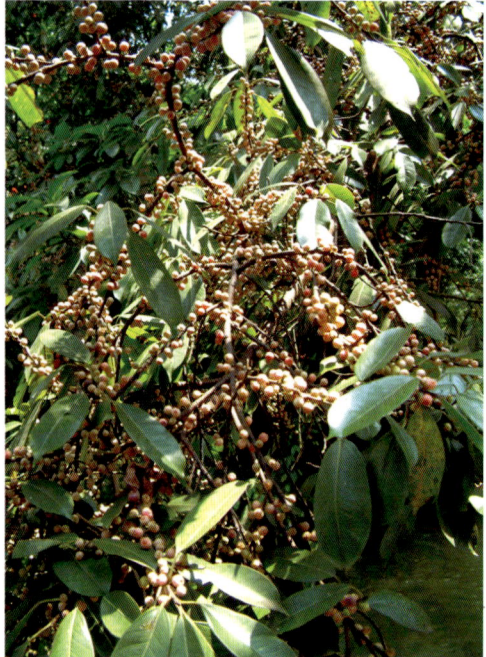

黄葛树 *Ficus virens* Ait. 杨成华摄

1b.披针叶黄葛树 **Ficus virens** Ait. var. **sublanceolata**（Miq.）Corner

叶近披针形，长达20厘米，先端渐尖；榕果无柄。

贵州省西南部及南部（镇宁、天星桥）常见树种之一，树冠广展，板根延伸至数十米外，支柱根形成的树胸径达5—8米。

披针叶黄葛树 *Ficus virens* Ait. var. *sublanceolata*（Miq.）Corner 谢华摄

图版14 披针叶黄葛树 *Ficus virens* Ait. var. *sublanceolata*（Miq.）Corner：1.果枝，2.雌花，3.雄花。（谢华绘）

系2.华丽榕系 Ser. **Superbae** Corner

2.小叶榕 Ficus concinna（Miq.）Miq. 雅榕、万年青　图版15

Ficus parvifolium Miq.

乔木，高15—25米，胸径25—40厘米。树皮深灰色，有皮孔，小枝粗壮，无毛。叶狭椭圆形，长5—10厘米，宽1.5—4厘米，全缘，先端短尖至渐尖，基部楔形，两面光滑无毛，鲜时暗绿色，干后浅灰绿色，基生脉短，侧脉4—8对，小脉在表面明显；叶柄短，长约1—2厘米；托叶披针形，无毛，约1厘米。榕果成对腋生或3—4个簇生于无叶小枝叶腋，球形，直径4—6毫米，光滑，基生苞片3，早落，果柄长1—5毫米；雄花、瘿花、雌花同生于一榕果的内壁；雄花极少数，生于内壁近口部，花被片2，雄蕊1枚，花药2室，椭圆形；雌花；花被片4，披针形，子房斜卵形，花柱侧生，柱头圆柱形；瘿花相似于雌花；花柱线形而短。花期4—9月。

贵州产于兴义、独山、荔波，生于山坡疏林中。本种为紫胶虫寄主树。

小叶榕 *Ficus concinna*（Miq.）Miq. 杨成华摄

图版15 小叶榕 *Ficus concinna*（Miq.）Miq.：1.果枝，2.雄花，3.瘦果。（谢华绘）

系3. 直脉榕系 Ser. Orthoneurae Corner

3.大青树 Ficus hookeriana Corner　缅树、红优昙、圆叶榕　图版16

大乔木，高达25米，胸径40—50厘米。主干通直，树皮深灰色，具纵纹；幼枝绿色微红，粗壮，直径约1厘米，光滑。叶大，薄革质，长椭圆形至广椭圆形，长15—20厘米或更长，宽8—12厘米，先端钝或具短尖，基部宽楔形至圆形，表面深绿色，背面白绿色，全缘，基生脉三出，侧脉6—9对，与主脉成直角平行展出，在近边缘处弯拱向上而网结，干后网脉两面均明显；叶柄圆柱形，粗壮。长3—6厘米；托叶膜质，深红色，披针形，长10—13厘米，脱落。榕果成对腋生，无柄，倒卵圆形至圆柱形，长20—27毫米，直径约1厘米，顶部脐状凸起，基生苞片合生成杯状；雄花散生榕果内壁，花被片4，披针形，雄蕊1枚，花药椭圆形，与花丝等长；雌花花被片4—5，花柱侧生，柱头膨大，单1；瘿花与雌花相似，仅花柱较短而厚。花期4—10月。

贵州产于兴义、安龙、镇宁。云南有分布。印度锡金邦有分布。

大青树 *Ficus hookeriana* Corner　杨成华摄

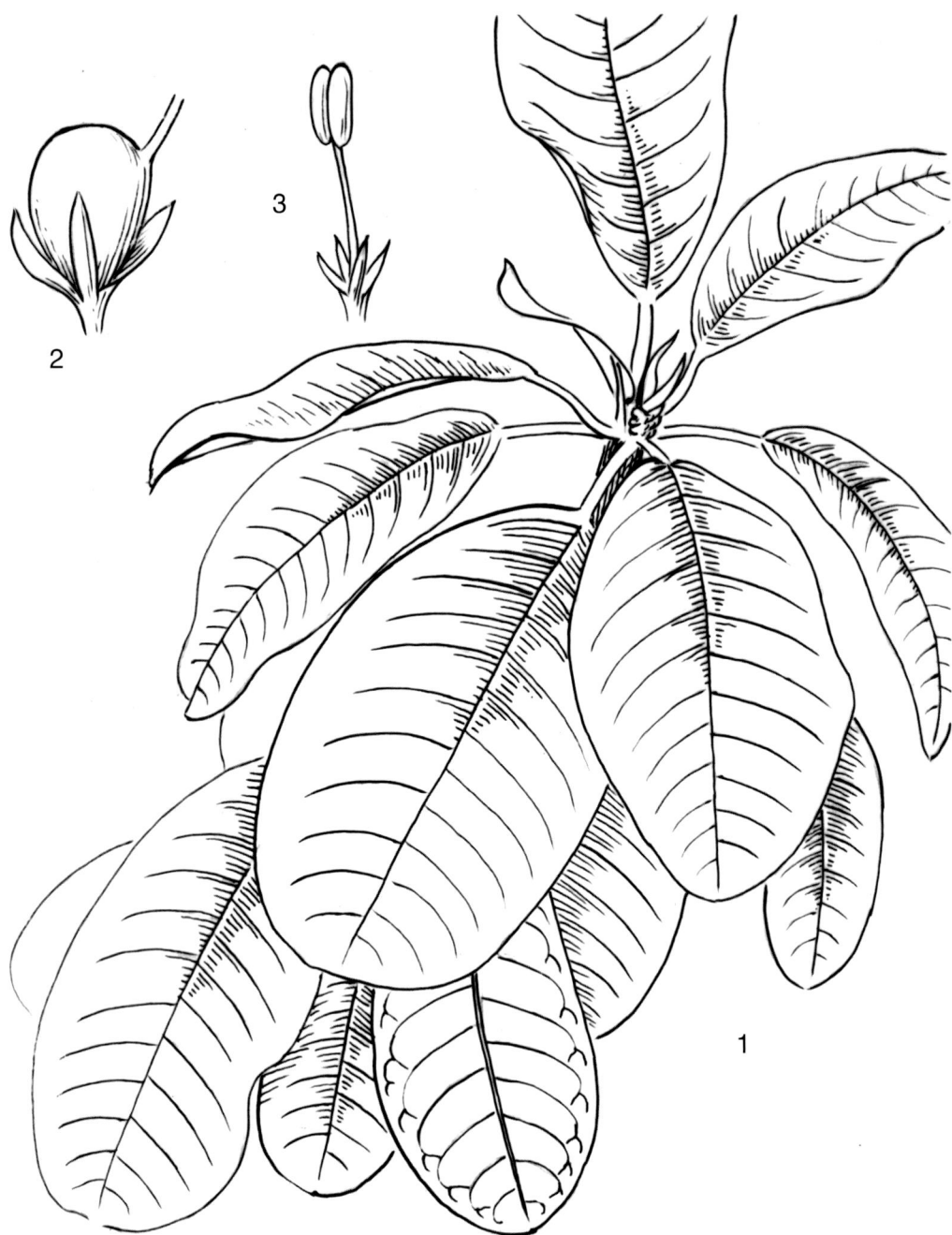

图版16 大青树 *Ficus hookeriana* Corner：1. 叶枝，2. 雌花，3. 雄花。（谢华绘）

4.直脉榕 Ficus orthoneura Lévl. et Vant.　图版17

小乔木，高2—10米，胸径6—15厘米。小枝圆柱形，略具纵纹，幼枝略被柔毛。叶生小枝顶端，薄革质，倒卵状椭圆形或椭圆形，顶端宽或具短尖，基部浅心形，长8—15厘米，宽6—9厘米，表面深绿色，背面浅绿色，网眼微褐色，全缘，基生侧脉三出，侧脉7—15对，平行直出，至边缘处弯拱向上网结；叶柄长2—3厘米，稍扁；托叶膜质，白绿色，披针形，长达5厘米。榕果成对或单生叶腋，球形或倒卵球形，长1.3—1.5厘米，直径1.2—1.4厘米，顶部脐状，基部收缩成短柄，基生苞片小，分离；雄花散生于榕果内壁，少数，具梗，花被片4，披针形，雄蕊1枚，花药椭圆形，长于花丝；雌花和瘿花相似，花被片4—6，子房斜卵圆形，花柱侧生；瘿花柱头较短。瘦果球形，光滑，花柱线形，柱头浅2裂。花期4—9月。

贵州产于兴义，生于海拔500—800米的山地阔叶林中。云南、广西有分布。

直脉榕 *Ficus orthoneura* Lévl. et Vant. 杨成华摄

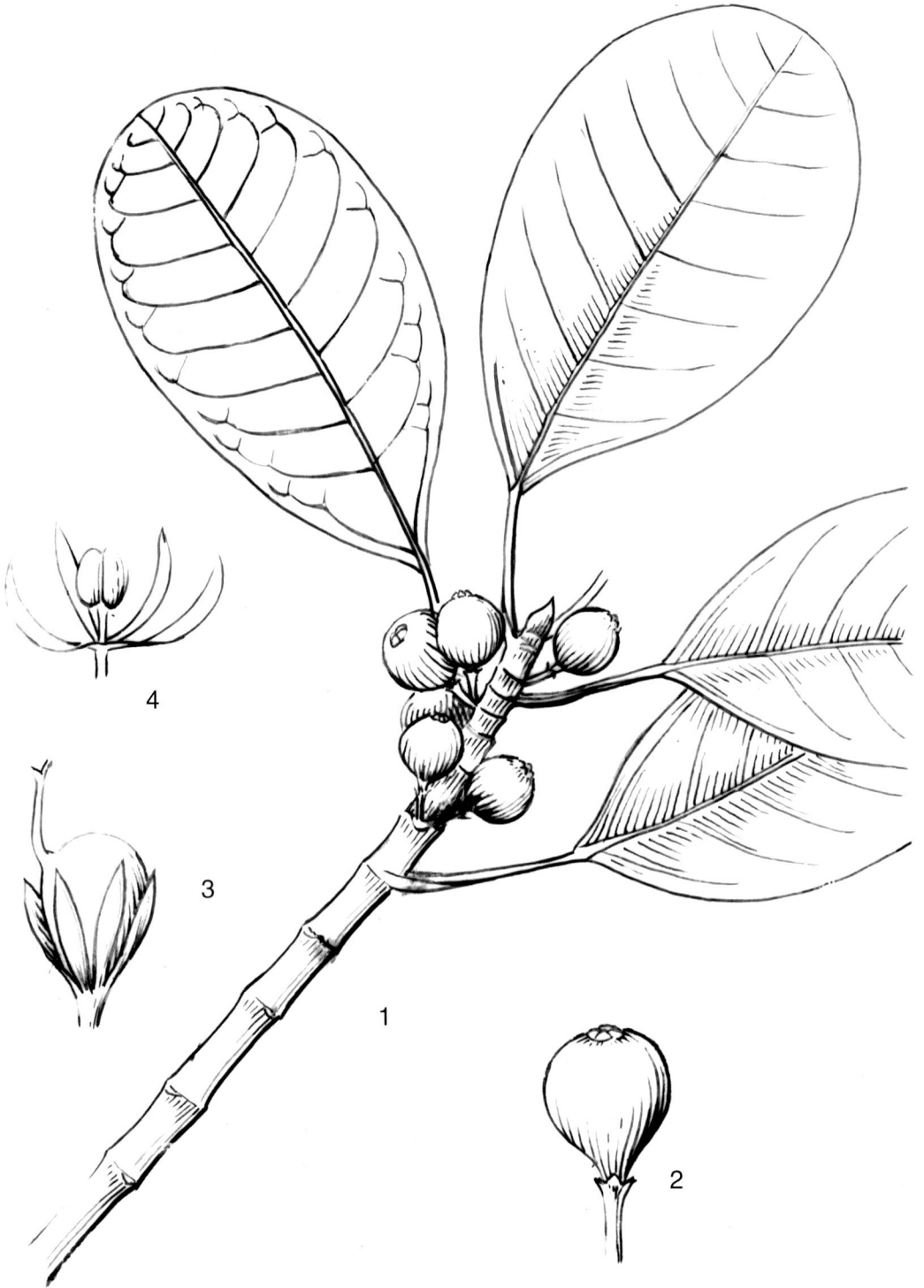

图版17 直脉榕 *Ficus orthoneura* Lévl. et Vant.：1.果枝，2. 榕果，3. 雌花，4. 雄花。（谢华绘）

组2.印度榕组 Sect. **Stilpnophyllum** Endl.

5.印度胶树 **Ficus elastica** Roxb. ex Hornem. 橡皮树、印度榕 图版18

乔木，高达20—30米，胸径25—40厘米。树皮灰白色，平滑，小枝粗壮。叶厚革质，长椭圆形至椭圆形，长8—30厘米，宽7—10厘米，顶端急尖，基部宽椭圆形，全缘，表面深绿色，光亮，背面浅绿色，侧脉多而明显，平行展出；叶柄粗壮，长2—5厘米；托叶膜质，红色，长达叶片1/2，迟落，脱落后有明显环状痕迹。榕果成对生于已落叶枝的叶腋，卵状长椭圆形，长1厘米，宽5—8毫米，黄绿色，基生苞片风帽状，脱落后基部有一环状体；雄花、瘿花、雌花同生于一榕果内壁；雄花散生，具梗，花被片4，卵形，雄蕊1枚，花药卵形，无花丝；瘿花花被片4，子房光滑，卵状，花柱近顶生，弯曲；雄花多无梗。瘦果卵形，里面有小瘤体，花柱长，近顶生，柱头膨大，近头状。花期冬季。

贵州产镇宁，贵阳、遵义引种，在温室中越冬。

印度胶树 *Ficus elastica* Roxb. ex Hornem. 谢华摄

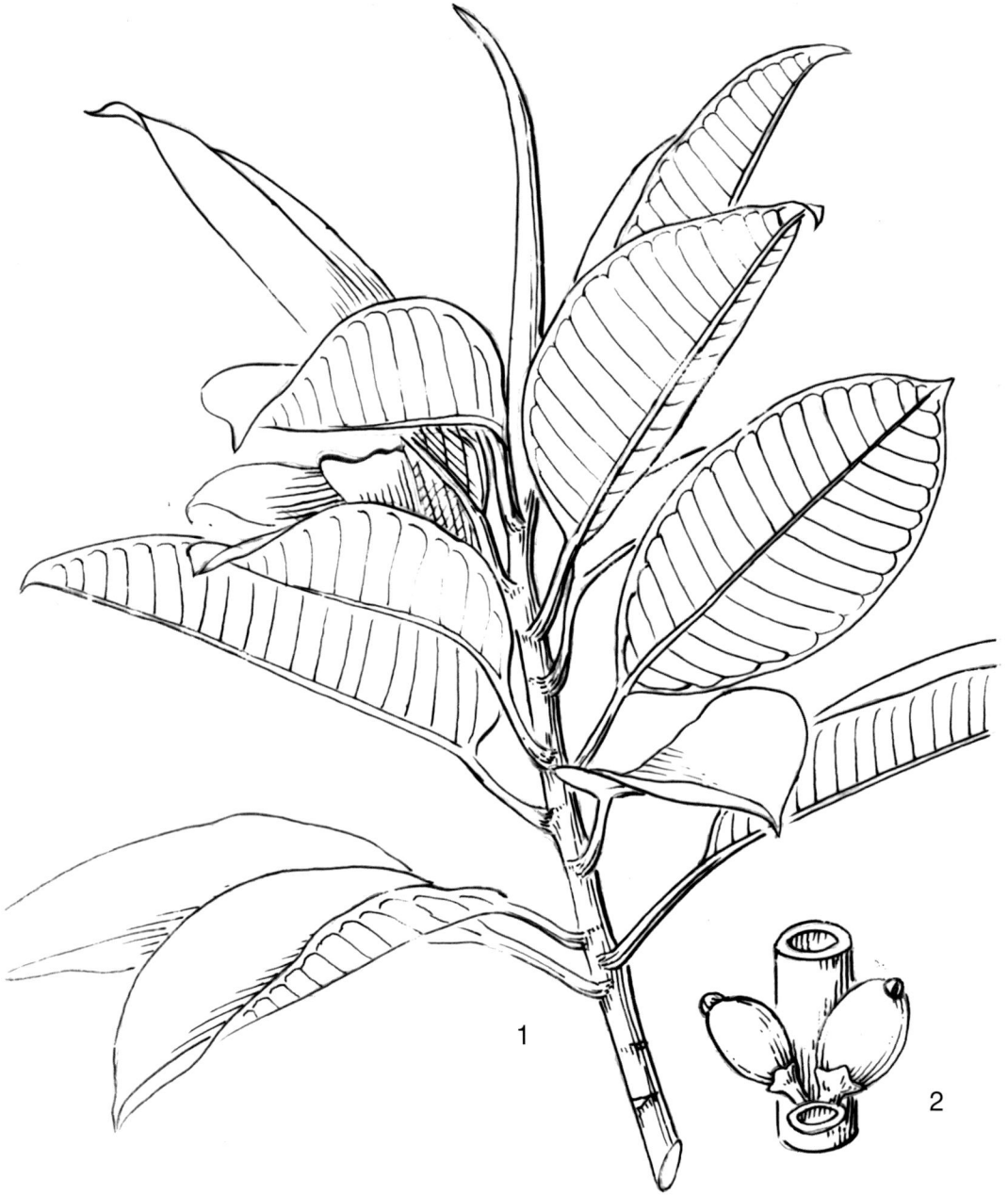

图版18 印度胶树 *Ficus elastica* Roxb. ex Hornem.：1. 叶枝，2. 果枝。（谢华绘）

组3.环纹榕组 Sect. **Conosycea**(Miq.)Corner

亚组1.大叶水榕亚组 Subsect. **Dictyoneuron** Corner

系1.大叶水榕系 Ser. Glaberrimae Corner

6a. 大叶水榕 Ficus glaberrima Bl. 万年青、池树　图版19

　　乔木，高约15米，胸径15—30厘米。树皮灰色，小枝幼时被柔毛，成长脱落。叶薄革质，长椭圆形，长5—20厘米，全缘，顶端渐尖，基部宽楔形至圆形，干后褐色至浅褐色，背面微被柔毛或无毛，基生叶脉三出，侧脉8—12对，两面稍凸起；叶柄长1—3厘米，托叶早落，线状披针形，长约15厘米。榕果成对腋生，球形，直径8—10毫米，成熟橙黄色，顶部为脐状凸起，有小穿孔，基生苞片3，早落，残存一窄边，果柄长3—12毫米；雄花、雌花、瘿花同生于一榕果内；雄花生内壁口部或散生，少数，花被片4，卵状披针形，雄蕊1枚；瘿花无梗或有短厚的梗，花被4深裂，子房球形，花柱侧生，短；雌花花被片缺，子房卵球形，花柱侧生，长。瘦果卵球形，花期7—8月。

　　贵州产兴义、安龙、望谟等地，生于海拔800—1000米山坡，路旁或石灰岩山地、疏林下。

　　本种为紫胶虫寄主树。

大叶水榕 *Ficus glaberrima* Bl. 李晓东摄

6b. 柔毛大叶水榕 Ficus glaberrima Bl. var. **pubescens** S. S. Chang

Ficus glaberrima Bl. var. *pubescens* S. S. Chang 广西植物4（2），113—122，1984.

　　本变种主要特征是叶、叶柄、榕果及总梗密被柔毛。

　　生于海拔650—1100米林中；贵州（息烽、施秉）、云南、广西有分布。

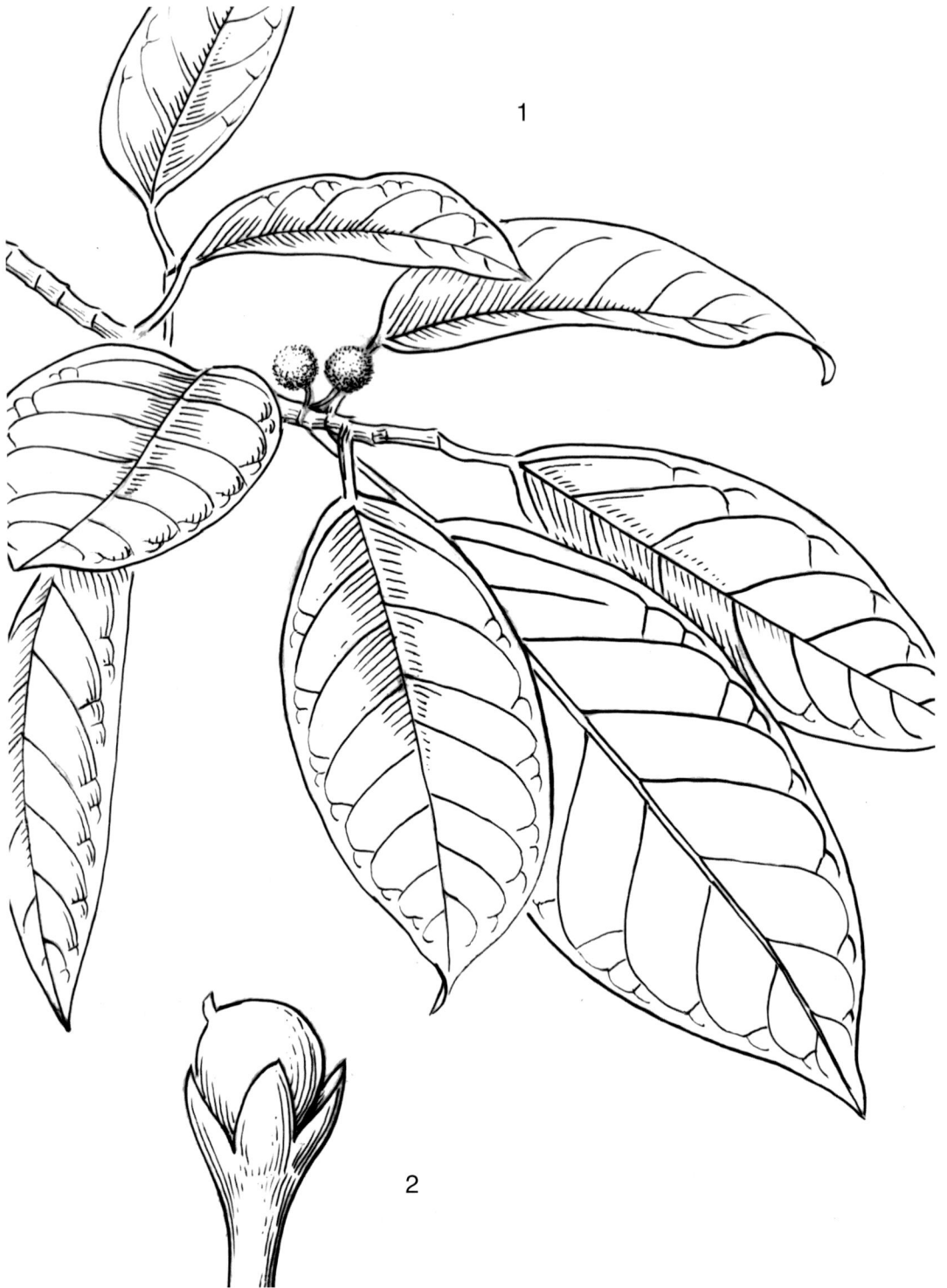

图版19 大叶水榕 *Ficus glaberrima* Bl.：1. 叶枝，2. 雌花。（谢华绘）

系2. 豆果榕系 Ser. Perforatae Corner

7. 豆果榕 Ficus pisocarpa Bl. 龙树 图版20

乔木，幼时附生于它树，高5—15米；树皮灰色，光滑；叶厚革质，椭圆形或倒卵状椭圆形，长5—8厘米，宽2.5—4厘米，全缘，先端具短尖，基部圆至宽楔形，基生侧脉短，侧脉5—8对，背面突起；叶柄粗壮，无毛，长1—1.5厘米；托叶卵状披针形，膜质，外面被柔毛，长约8毫米。榕果成对腋生或生于已落叶枝叶腋，无总梗，陀螺状球形，直径5—7毫米，顶生苞唇形，基生苞片3，卵形，宿存；雄花、瘿花、雌花同生于一榕果内壁；雄花生于内壁近口部，少数，无柄，花被片2，宽卵形，雄蕊1枚，花药卵圆形，花丝短；瘿花与雌花相似，花被片1或2，花柱短；雌花花柱长，柱头圆柱形。瘦果长卵圆形，光滑。花期5—7月。

产贵州(望谟)、广西(德保、桂林)、云南(兰坪、元江、蒙自、西双版纳、文山)。常见于500—1600(—2800)米石灰岩山地。泰国南部、马来西亚、印度尼西亚(苏门答腊、爪哇、加里曼丹)也有。

亚组2. 垂叶榕亚组 Subsect. Benjamina (Miq.) Corner

系1. 垂叶榕系 Ser. Benjaminae (Miq.) Corner

8. 垂叶榕 Ficus benjamina Linn 细叶榕、小叶榕、垂榕、白榕、垂果榕 图版21

大乔木，高达20米，胸径30—50厘米。树皮灰色，平滑，树冠广阔，小枝下垂。叶薄革质，卵形至卵椭圆形，长4—8厘米，宽2—4厘米。顶端短渐尖，基部圆形或楔形，全缘，初级叶脉与次级叶脉难于区分，平行展出，直达叶边缘，两面光滑无毛；叶柄长1—2厘米，上面有沟槽，托叶披针形，长约6毫米。榕果成对或单生叶腋，无柄，球形或卵形，平滑，成熟红色至黄色，直径8—15厘米，基生苞片不明显；雄花、瘿花、雌花同生于一椿果内，雄花极少数具梗，花被片4，宽卵形，雄蕊1枚，花丝短；瘿花具梗，多数，花被片3—4，狭匙形，子房卵形，光滑，花柱侧生；雌花无梗，花被片短匙形。瘦果卵状肾形，短于花柱，花柱侧生，柱头膨大。花期8—11月。

贵州产于望谟、罗甸，生于海拔300—1000米石灰岩山地及村寨附近。云南、广西、广东、海南有分布。

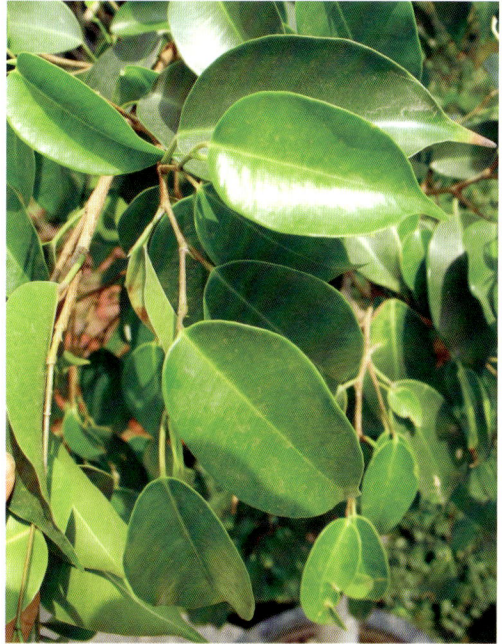

垂叶榕 Ficus benjamina Linn 刘凤摄

图版20 豆果榕 *Ficus pisocarpa* Bl.：1.果枝，2.雄花，3.雌花。（谢华绘）

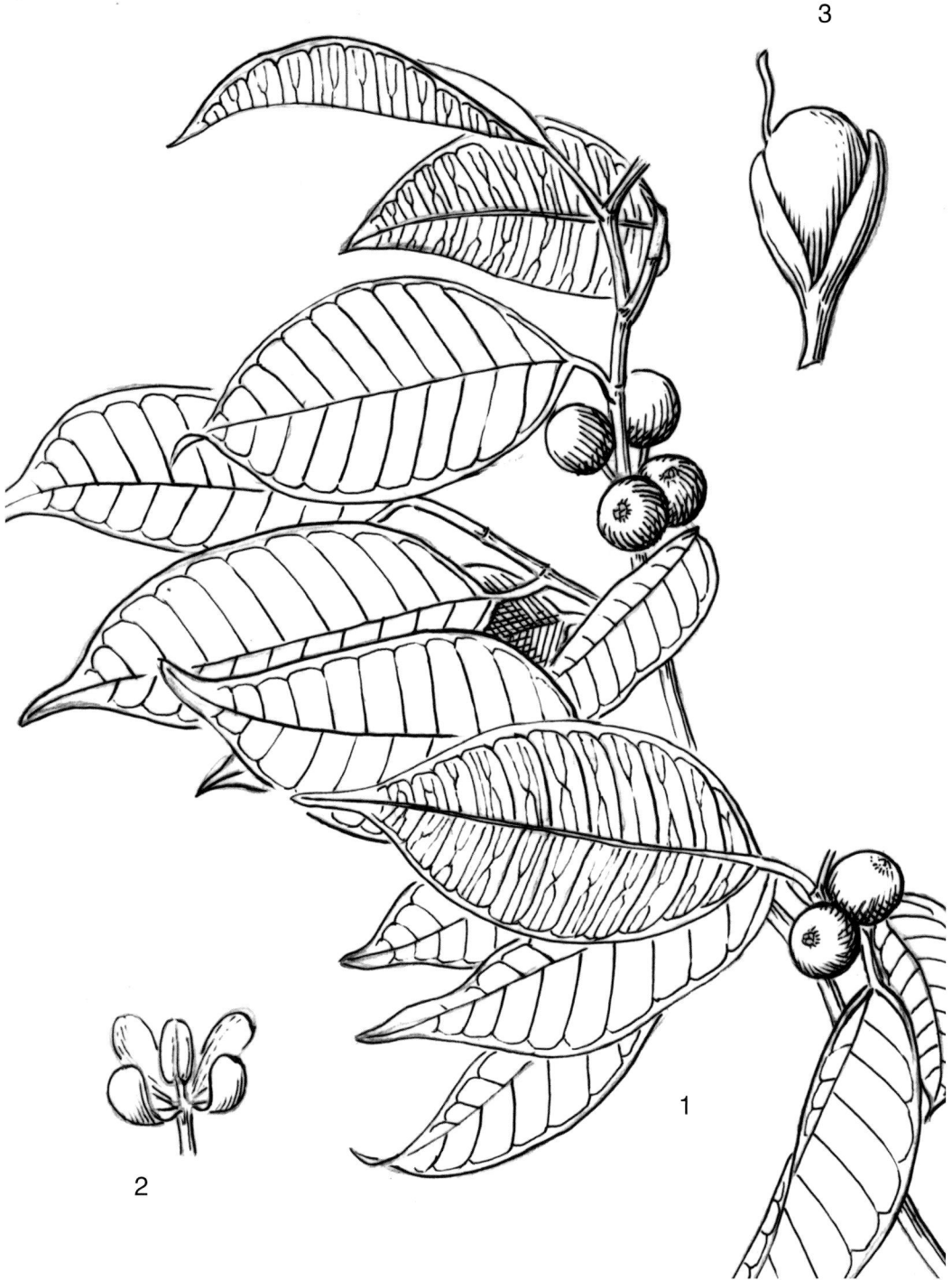

图版21 垂叶榕 *Ficus benjamina* Linn：1. 果枝，2. 雄花，3. 雌花。（谢华绘）

系2. 钝叶榕系 Ser. Callophylleae Corner

9. 钝叶榕 Ficus curtipes Corner

乔木，幼时多附生，茎下部多分枝，高5—15米。树皮浅灰色，平滑；小枝绿色，无毛。叶厚革质，长椭圆形或倒卵状椭圆形，长10—16厘米，宽5—6厘米，表面深绿色，背面浅绿色，先端钝圆，基部楔形，全缘，基生侧脉短，侧脉8—12对，两面不明显；叶柄长1.5—2厘米，粗壮；托叶披针形或卵状披针形，长1—2厘米。榕果成对腋生，无总梗，球形至扁球形，直径1—1.5厘米，顶部平压，成熟时深红至紫红，内壁无刚毛，顶生苞片小而关闭，基生苞片3，广卵形，绿色；雄花有柄，花被片3，披针形，雄蕊1枚；瘿花有柄或无柄，花被片4，子房白色，花柱近顶生，长；雌花无柄。瘦果卵圆形，表面有瘤体和黏膜一层，花柱顶生，长与瘦果相等，柱头漏斗状。花果期9—11月。

产云南南部至西南部、贵州(见《中国高等植物图鉴》补编)。常生于海拔530—1350米石灰岩山地或村寨附近，偶有栽培于庭园。尼泊尔、不丹、孟加拉国、缅甸、泰国、越南、印度西北部和锡金邦、马来西亚、印度尼西亚(苏门答腊)也有分布。

本种秋末冬初榕果成熟，极为美丽，是庭园优良的观赏树。

钝叶榕 *Ficus curtipes* Corner 宋鼎摄

10.榕树 **Ficus microcarpa** Linn 细叶榕、万年青　图版22

大乔木，高达15—20米，胸径达50厘米。树皮深灰色，冠幅广展，老树常有锈褐色气根。叶薄革质，狭椭圆形，长4—8厘米，宽3—4厘米，先端钝尖，基部楔形，表面深绿色，光亮，背面浅绿色，全缘，基生叶脉三出，延长，侧脉3—10对；叶柄长5—10毫米，光滑；托叶小，披针形，长约8毫米。榕果成对腋生或生于已落叶枝叶腋，成熟时黄或微红色，扁球形；雄花、雌花、瘿花同生于一榕果内，花间有少数刚毛；雄花无梗或具梗，散生内壁，花被片3，匙形，雄蕊1枚，花药心形，花丝与花药等长；雌花与瘿花相似，花被片8，广匙形，花柱近侧生、柱头短，棒形。瘦果卵圆形。花期5—6月。

贵州产于兴义、安龙、望谟、罗甸、三都等地，生于海拔400—800米山地沟谷阔叶林中。云南、广东、海南、浙江有分布。

榕树 *Ficus microcarpa* Linn 谢华摄

图版22 榕树 *Ficus microcarpa* Linn：1. 果枝，2. 雄花，3. 雌花，4. 榕果。（谢华绘）

Ⅱ. 白肉榕亚属 Subgen. **Pharmacosycea** Miq.

组1. 白肉榕组 Sect. Oreosycea（Miq.）Corner

系1. 白肉榕系 Ser. Vasculosae Corner

11. 白肉榕 Ficus vasculosa Wall. ex Miq.　突脉榕、黄果榕　图版23：1—3

乔木，高达10—15米，胸径10—15厘米。树皮灰色，平滑，小枝灰褐色。叶革质，椭圆形至长椭圆状披针形，长4—11厘米，宽2—8厘米，尖端钝或钝渐尖，基部楔形，表面深绿，有光泽，背面浅绿色，干后黄绿至灰绿色，全缘或为不规则分裂，侧脉10—12对，两面凸起，叶脉在表面明显；叶柄长1—2厘米；托叶卵形，长约6毫米，榕果成对腋生或单生叶腋，球形，基部收狭成短柄，总柄长7—8毫米，基生苞片3，脱落，雄花少数，生于内壁近口部，具短梗，花被3—4深裂，雄蕊通常2枚，稀1或3枚，如为1枚时，则基部有不发育雌蕊；瘿花和雄花多数，有或无梗，花被3—4深裂，子房倒卵形，花柱侧生，延长。成熟榕果黄色或黄红色。瘦果近球形。花期5—6月。

贵州产于兴义、安龙、罗甸、独山，生于山地沟谷阔叶林中。四川、云南、广西、广东、海南有分布。

白肉榕 *Ficus vasculosa* Wall. ex Miq. 杨成华摄

系2. 九丁榕系 Ser. Nervosae Corner

12.九丁榕 Ficus nervosa Heyne ex Roth. 九丁树、大叶九重树 图版23：4—6

乔木。幼时被微柔毛，成长脱落，小枝干后黄褐色。叶薄革质，椭圆形，长椭圆状披针形或倒卵状椭圆形，长6.5—14厘米，宽2.5—5厘米，顶端短渐尖，有钝头，基部圆形或楔形，全缘，微反卷，表面深绿色，干后褐色，有光泽，背面色更深，散生细小乳头状瘤体，基脉三出，侧脉7—10对，背面凸起；叶柄长约1—2厘米；托叶披针形或卵状披针形，膜质，被微毛，长约1—2厘米。榕果单生或成对腋生，球形或近球形，幼时表面有瘤体，直径1—1.2厘米，基部收狭成长约1厘米的柄，近无毛，基生苞片卵圆形，被柔毛，无总柄，雄花、瘿花和雌花同生于一榕果内；雄花具梗，生内壁近口部，花被2，匙形，长短不一，雄蕊1枚，花丝的长度与花被片中的一片相等；瘿花有梗或无梗，花被片8，延长，顶部渐尖，子房卵形，光滑，花柱短；雌花无梗，花被片3，披针形。瘦果卵状，顶部渐尖，花柱比瘦果长2倍，侧生，柱头棒状。花期1—8月。

贵州产于兴义、安龙、罗甸、独山。广东、台湾有分布。

九丁榕 *Ficus nervosa* Heyne ex Roth. 杨成华摄

图版23 1—3. 白肉榕*Ficus vasculosa* Wall. ex Miq.：1. 果枝，2. 雄花，3. 雌花。4—6. 九丁榕 *Ficus nervosa* Heyne ex Roth.：4. 果枝，5. 雄花，6. 雌花。（张培英绘）

III. 聚果榕亚属 Subgen. **Sycomorus**（Gasp.）Miq.

13.聚果榕 Ficus racemosa Linn 马郎果　图版24

Ficus glomeata Roxb.

乔木，高25—30米，胸径60—90厘米，树皮灰褐色，平滑，幼嫩枝和榕果被平贴毛，小枝褐色。叶薄革质，椭固状倒卵形至椭圆形或长椭圆形，长10—14厘米，宽3.5—4.5厘米，顶端渐尖或钝尖，基部楔形或钝形，全缘，表面深禄色，无毛，背面浅绿色；稍粗糙，幼时被柔毛，成长脱落，基生叶脉三出，侧脉4—8对；叶柄长2—3厘米；托叶卵状披针形，膜质，外面被微柔毛，长1.5—2厘米。榕果簇生于老茎瘤状短枝上，稀成对生于落叶枝叶腋，梨形，直径2—2.5厘米，顶部压平，基部收狭成柄，基生苞片3，三角卵形，总柄长约1厘米；雄花生于内壁近口部，无梗，花被片3—4；雄蕊2，瘿花和雌花有梗，花被线形，顶部有3—4齿，花柱侧生，柱头棒状。成熟榕果橙红色，花期5—7月。

贵州产于兴义、安龙、册亨、望谟、罗甸；生于河岸或溪边潮湿地区。云南、广西有分布。

聚果榕 *Ficus racemosa* Linn 杨成华摄

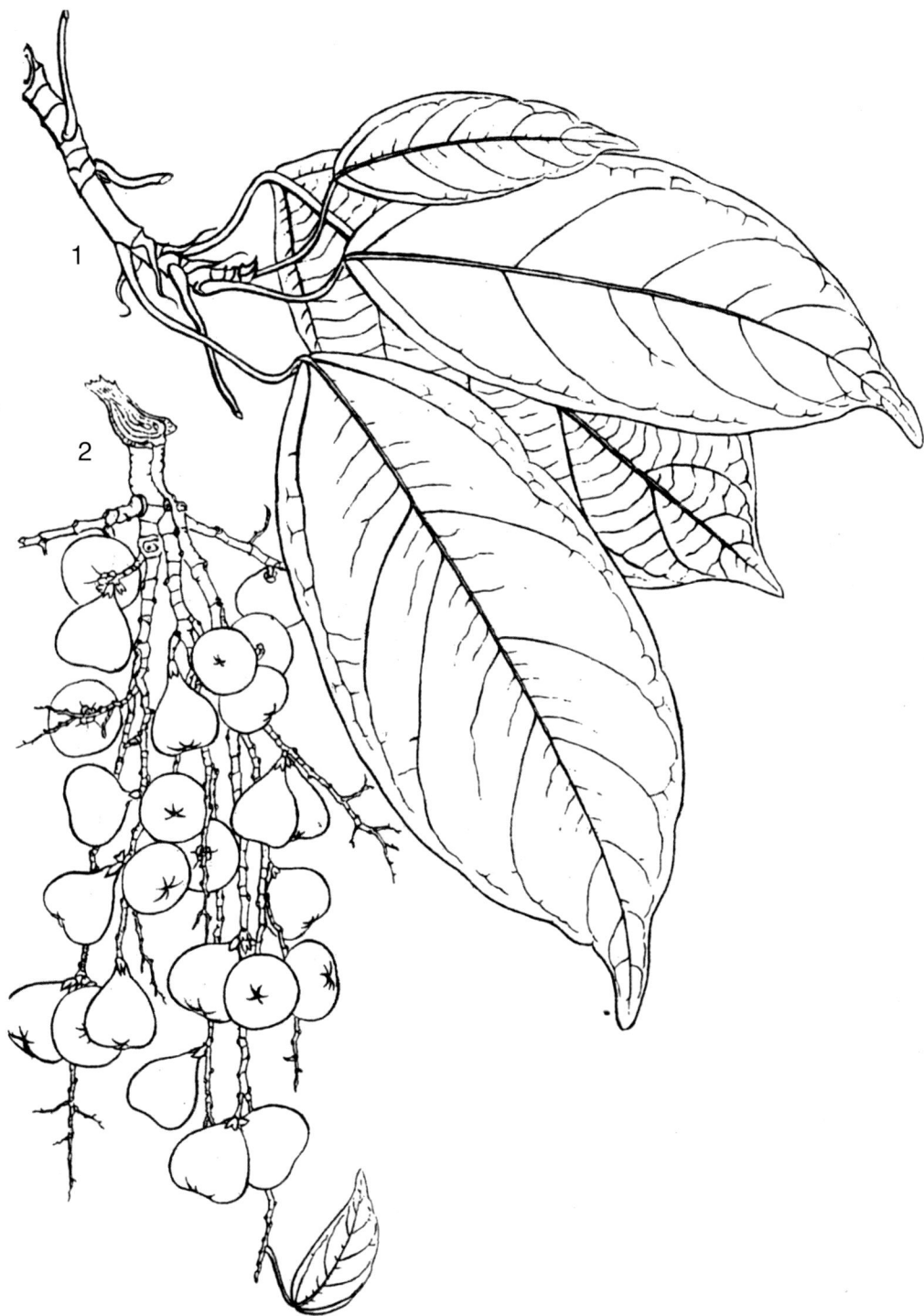

图版24 聚果榕 *Ficus racemosa* Linn：1.叶枝，2.果枝。（张泰利绘）

IV. 无花果亚属 Subgen. **Ficus**

组1. 无花果组 Sect. Ficus

亚组1. 无花果亚组 Subsect. Ficus

系1. 尖叶榕系 Ser. Sinosyceae Corner

14. 尖叶榕 Ficus henryi Warb. ex Diels 山枇杷 图版25

Ficus acanthocarpa Lévl. ex Vant.

小乔木，高3—10米；幼枝黄褐色，无毛，略具棱。叶倒卵状长圆形至长圆形，长7—16厘米，宽2.5—5厘米；先端渐尖或尾状，基部楔形，表面深绿色，背面毛稍浅，两面均被钟乳体，侧脉5—7对，网脉在背面明显，全缘或于中部以上有锯齿；叶柄长1—1.5厘米。榕果单生叶腋，柄长2—5毫米，球形至椭圆形，直1—2厘米，顶生苞片脐状凸起，基生苞片3枚；雄花生于榕果内壁近口部或散生，具长梗，花被片4—5枚，椭圆状披针形，疏被小毛，雄蕊4—8，花药椭圆形；瘿花散生于雄花中，具梗，苞片8，线形，花被片5，卵状披针形，花柱侧生，柱头2裂。榕果成熟橙黄色。瘦果卵形，光滑，背面有脊，花期5—6月，果期7—9月。

贵州产于贵阳、瓮安、凯里、(雷公山)黄平、印江(梵净山)、榕江、荔波等地，生于海拔700—1300米山坡山谷疏林中。国内四川、云南、湖北、湖南、广东等省有分布。

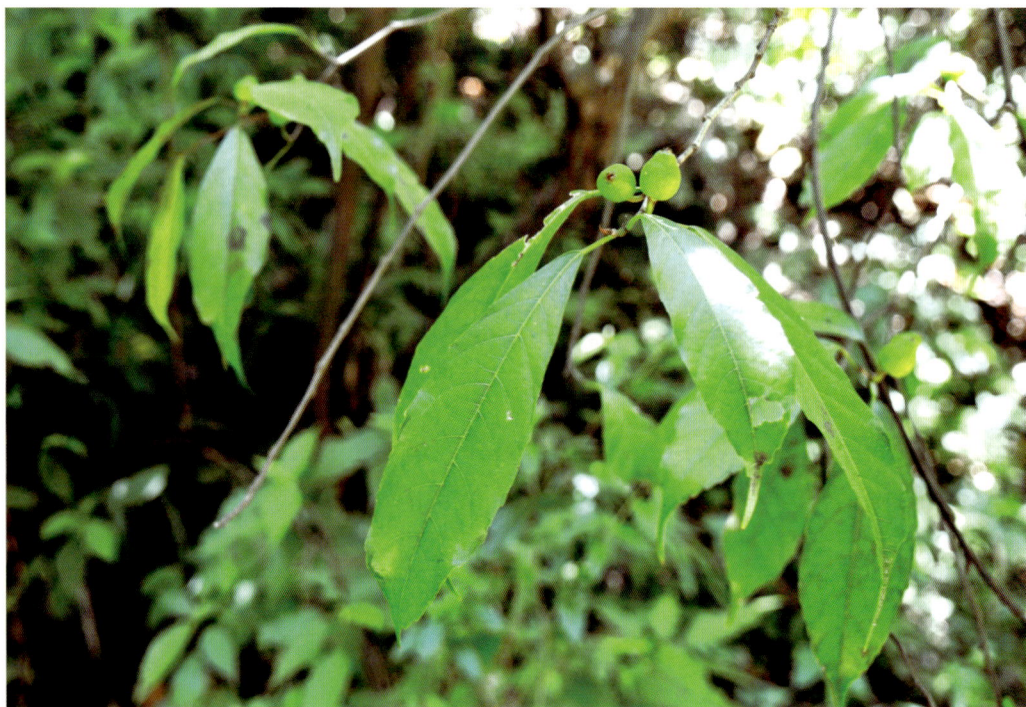

尖叶榕 *Ficus henryi* Warb. ex Diels 谢华摄

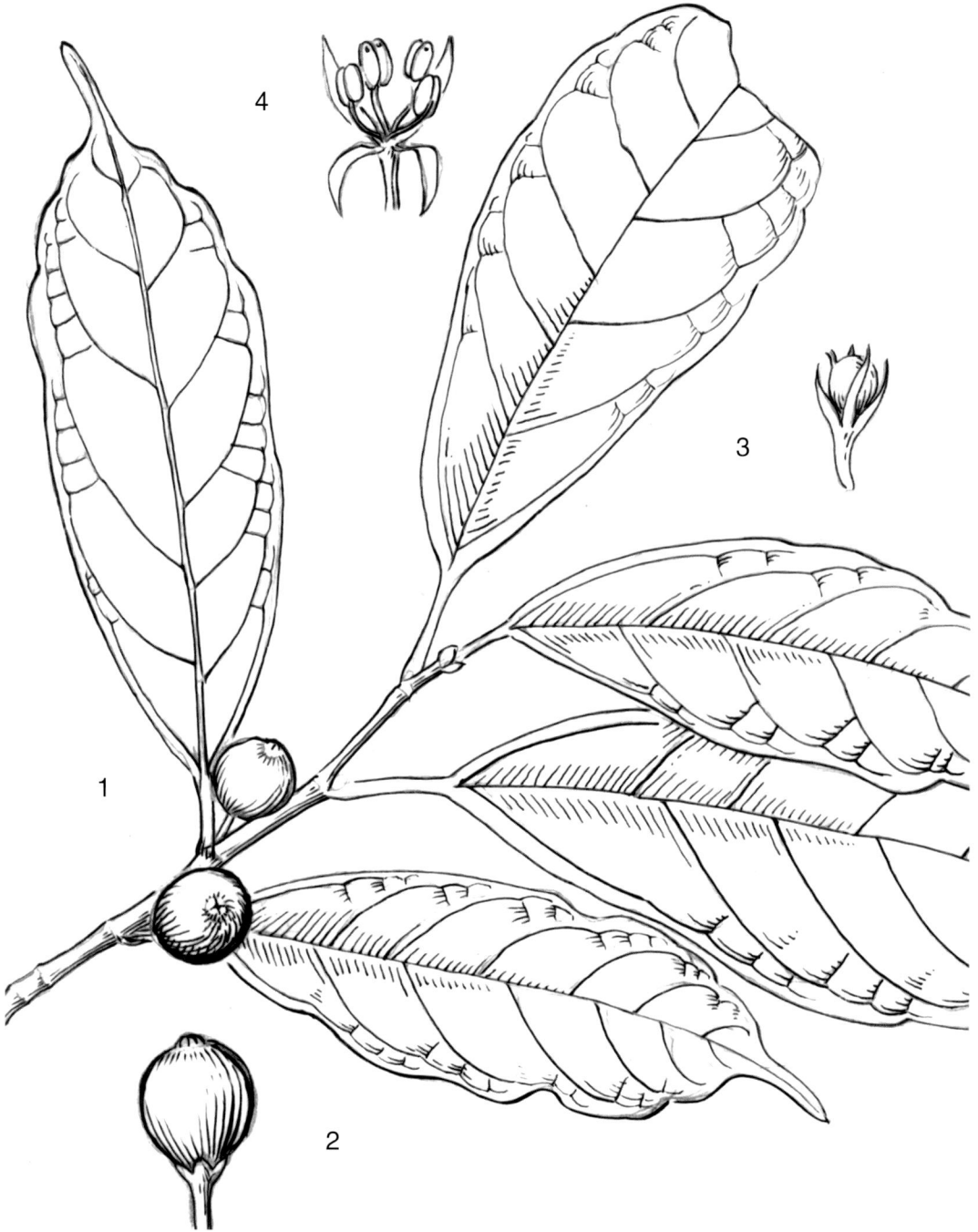

图版25 尖叶榕 *Ficus henryi* Warb. ex Diels：1. 果枝，2. 榕果，3. 雌花，4. 雄花。（谢华绘）

系2.无花果系 Ser. Ficus

15.无花果 Ficus carica L. 阿驵、奶浆果 图版26

落叶灌木，高3—10米，多分枝；树皮灰褐色，皮孔明显，小枝直立，粗壮。叶互生，厚纸质，卵圆形，长宽近相等，10—20厘米，通常3—5裂，裂片卵形，边缘具不规则钝齿，表面粗糙，背面密生细小钟乳体及黄褐色短柔毛，基部浅心形，侧脉5—7对，基生侧脉3—5；叶柄长2—5厘米，粗壮；托叶卵状披针形，长约1厘米，红色。雌雄异株，花序单生叶腋，雄花和瘿花同生于一榕果内，雄花生内壁口部，雄蕊2，花被片3—4，瘿花花柱侧生，短；雌花子房卵圆形，光滑，花柱侧生，花被片与雄花同，榕果大，梨形，4—6厘米，顶部下陷，基生苞片，卵形，成熟榕果紫红色或黄色。果期8—9月。

贵州省各地有栽培。

全株均可作药用，榕果成熟可食或糖渍，果和鲜叶治痔疮疗效良好。

无花果 *Ficus carica* L. 谢华摄

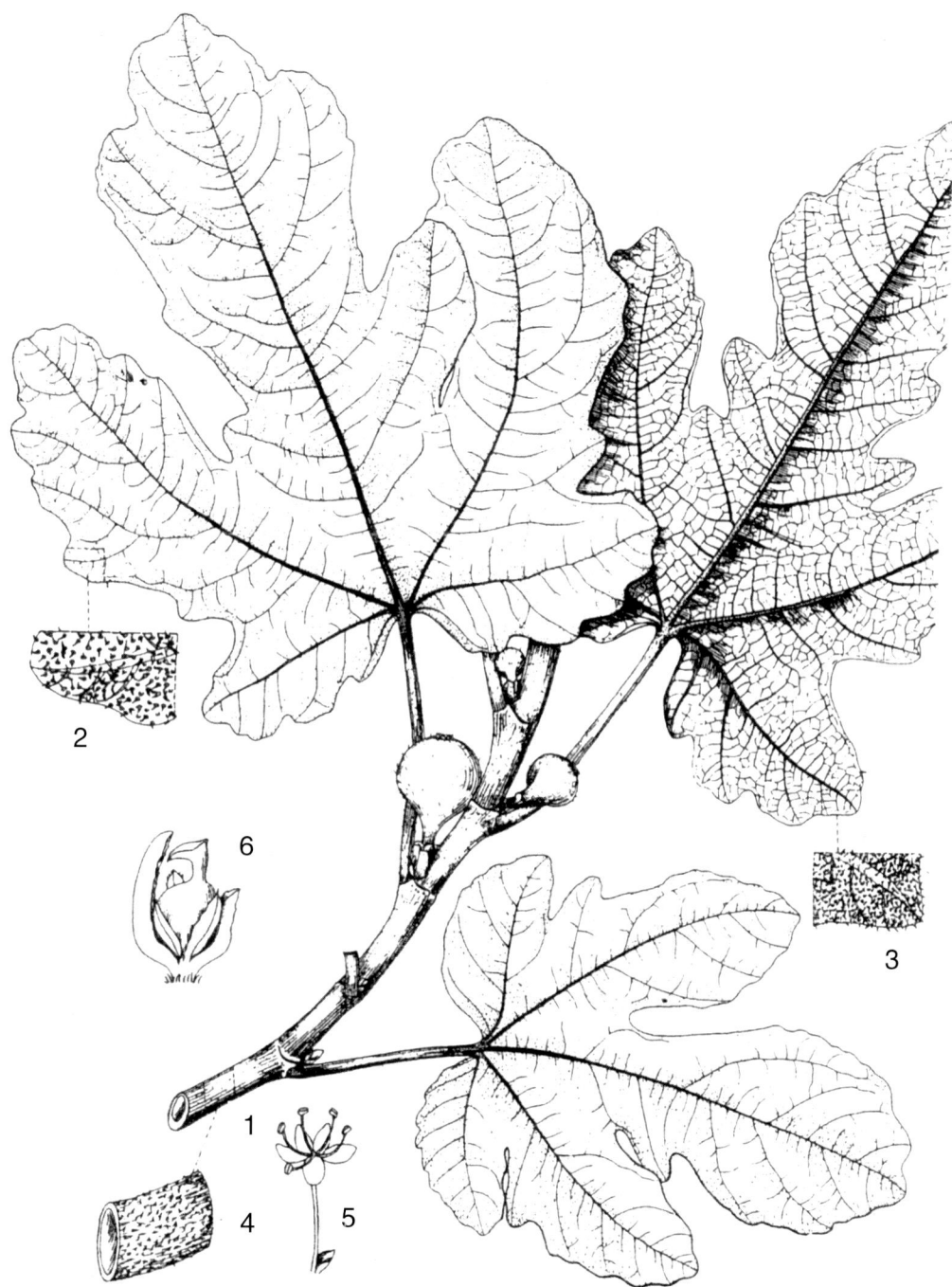

图版26 无花果 *Ficus carica* L.：1. 果枝，2. 叶上面部分放大，3. 叶下面部分放大，
4. 小枝部分放大，5. 雌花，6. 雄花。（孟玲绘）

系3.蔓榕系 Ser. Podosyceae（Miq.）Corner

亚系1. 蔓榕亚系 Subser. **Podosyceae** Corner

16. 乳源榕 **Ficus ruyuanensis** S. S. Chang 图版27

Ficus ruyuanensis S. S. Chang in Guihaia 3 （4）：298，f. 3.1983.

灌木或乔木，高约1—2米；小枝纤细，节短，新枝和叶柄密生直立开展的糙毛。叶螺旋状排列，叶纸质，倒卵状长圆形或倒披针形，长5—11厘米，宽2.5—5厘米，先端尖或短渐尖，基部宽楔形，边缘全缘，表面绿色，疏生平贴毛，背面淡绿色和边缘均疏生钩状刺毛，干后银灰色，侧脉4—7对，基生侧脉延长至叶片的1/4处；叶柄长5—40毫米。托叶披针形，长约5毫米。榕果成对腋生，成熟红色至紫色，近球形，直径6—8毫米，总梗长1—3毫米或无总梗，基生苞片3，三角形，长约1—2毫米，顶生苞片盘状，关闭，内壁无刚毛，没有石细胞；雄花具柄，生榕果内壁近口部或散生，花被4，倒披针形，雄蕊2；瘿花无柄或有柄，子房具柄，花柱短，侧生，柱头漏斗形。瘦果光滑近肾形。

国内产于广东乳源(模式标本产地)、广西(大苗山)及贵州贵阳、开阳、独山、施秉。生于海拔500米的山谷密林中。

果枝

局部放大

叶背面

叶正面

乳源榕 *Ficus ruyuanensis* S. S. Chang 谢华摄

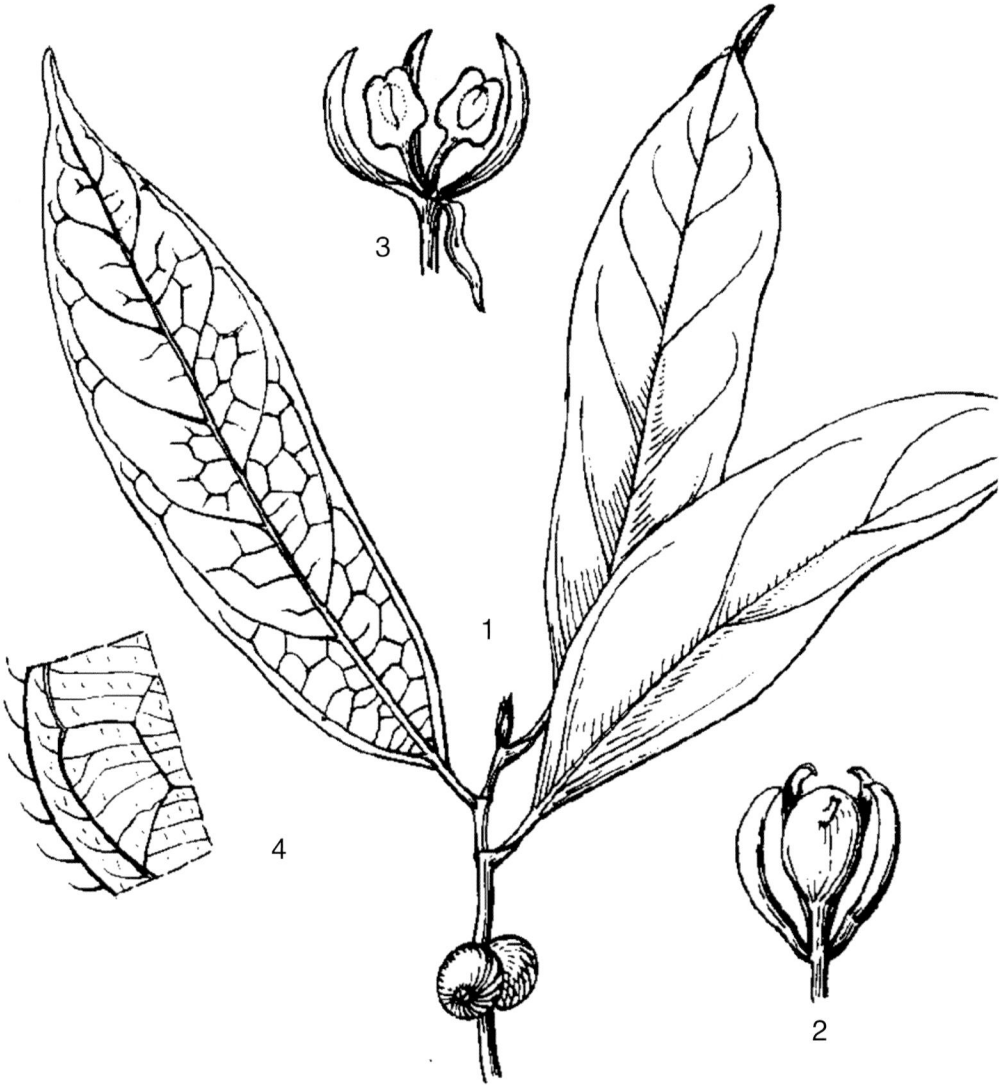

图版27 乳源榕 *Ficus ruyuanensis* S. S. Chang：1. 果枝，2. 瘿花，3. 雄花，4. 叶边沿放大。（谢华绘）

17a.天仙果 Ficus erecta Thunb.

　　落叶小乔木或灌木，高2—7米。树皮灰褐色，小枝密生硬毛。叶厚纸质，倒卵状椭圆形，全缘或偶于叶缘上部有疏齿，表面较粗糙，疏生柔毛，背面近无毛，侧脉5—7对，弯拱向上，基生脉三出，托叶三角状披针形，浅褐色，早落，叶柄长1—4厘米。纤细，密被灰白色短硬毛。榕果单生叶腋，具梗，球形或梨形，直径1.2—2厘米，幼时被柔毛或短粗毛，顶生苞片射出，基生苞片3，卵状三角形；成熟榕果黄红色至紫黑色，雄花和瘿花同生于一榕果中，雌花生于另一植株的榕果中，雄花有梗或近无梗，花被片3或2—4，椭圆形至披针形，瘿花近无梗或有短梗，花被片3—5，披针形，长于子房，被毛，椭圆球形，花柱侧生，短，柱头2裂；雌花花被片4—6，宽匙形，子房光滑有短柄，花枝侧生，柱头2裂。花果期5—6月。

　　贵州不产。

17b.披针叶天仙果 Ficus erecta Thunb. var. beechegana f. Koshunensis(Hogata)Coner 狭叶鹿饭团（变型）

　　叶披针形，粗糙，被硬毛或柔毛，榕果卵圆形，果柄较短。

　　贵州产黔南，多生于山地、灌丛中或溪边林下。安徽有分布。

披针叶天仙果 *Ficus erecta* Thunb. var. *beechegana* f. *Koshunensis*(Hogata)Coner 谢华摄

18. 异叶榕 **Ficus heteromorpha** Hemsl. 图版28

落叶灌木或小乔木，高2—5米。树皮灰褐色，小枝红褐色，节短。叶互生，变异甚大，倒卵状椭圆形、琴形或披针形，长10—18厘米，宽2—7厘米，顶端渐尖或为尾状，基部圆形至浅心形，表面粗糙，背面有细小钟乳体，全缘或微波状，侧脉6—15对，基生侧脉短，红色；叶柄长1.5—6厘米，红色；托叶披针形，长约1厘米。榕果成对生短枝叶腋，稀单生，无柄，球形或圆锥形，光滑，直径6—10毫米，顶生苞片脐状，基生苞片3枚，卵圆形，成熟榕果紫黑色。雄花和瘿花同生于一榕果中；雄花散生内壁，花被片4—5，匙形，雄蕊2—3枚；瘿花花被片5—6枚，子房光滑，花柱短；雌花花被片4—5枚，包围子房，花柱侧生，柱头画笔状，被柔毛。瘦果光滑。花期4—5月，果期3—7月。

贵州省除西北部及西部地区外，各地都有分布；国内除东北和西北部少数地区外，均有分布。一般常见于中海拔山谷、水边、潮湿地区。

异叶榕 *Ficus heteromorpha* Hemsl. 谢华摄

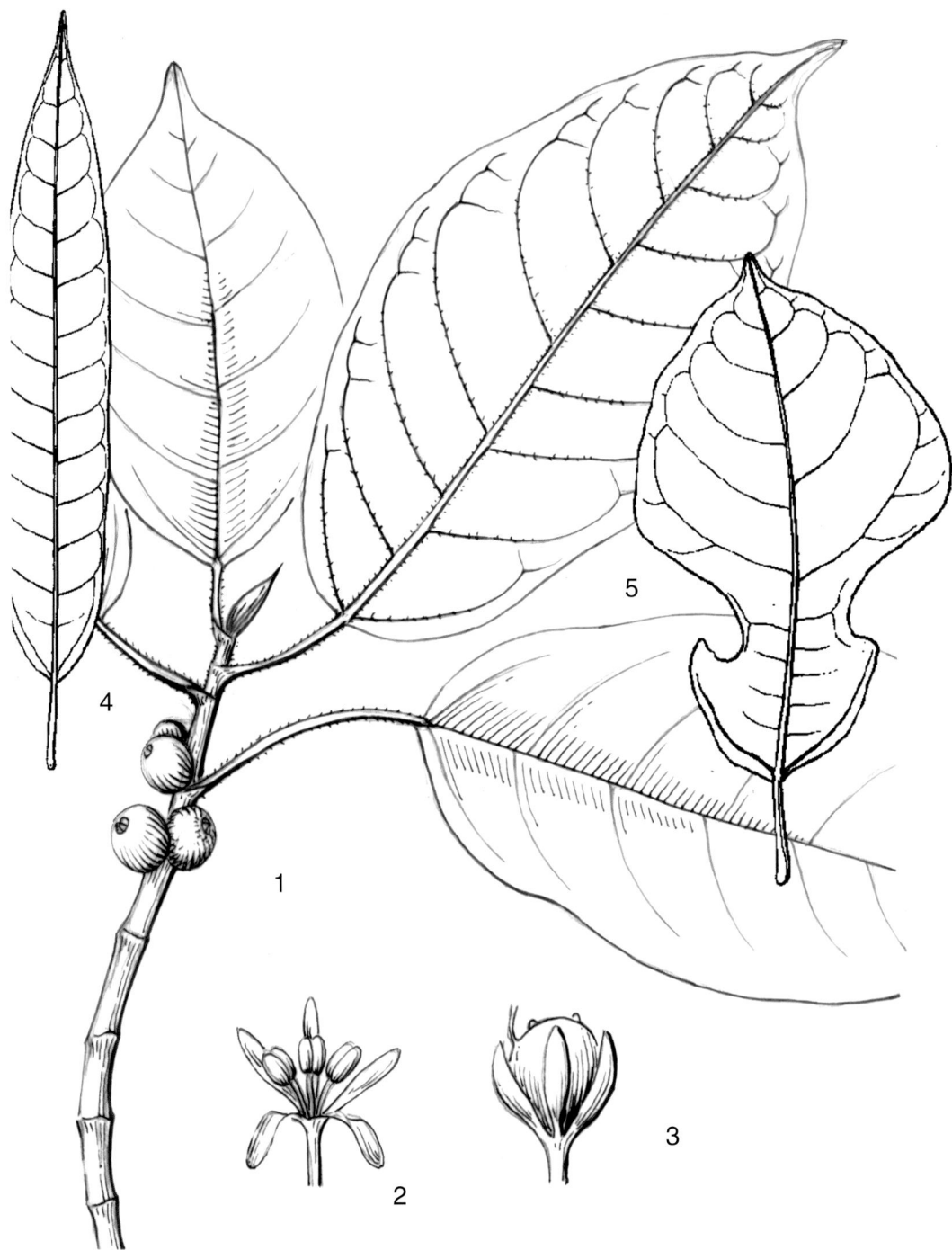

图版28 异叶榕 *Ficus heteromorpha* Hemsl.：1.果枝，2.雄花，3.瘿花，
4.披针叶形，5.琴形叶形。（谢华绘）

19a. 楔叶榕 Ficus trivia Corner 半稔子　图版29

Ficus cuneate Lévl. et Vant.

灌木或小乔木，高3—8米。树皮灰色，小枝红褐色，直径3—5厘米，无毛或微被柔毛。叶互生，纸质，多集生小枝顶，倒卵状椭圆形，长6—16厘米，宽4—10厘米，表面无毛，背面叶脉疏生短毛，有细小钟乳体，先端急尖至短尖，基部楔形，全缘，基生侧脉延伸至叶片1/3—1/2处，侧脉4—5对；叶柄长2.5—5厘米；托叶卵状披针形，长7—15毫米，被贴伏或开展柔毛。榕果成对腋生，成熟时红色至紫红色，近球形或椭圆球形，直径8—12毫米，无毛，略具疣点，顶部脐状凸起，瘿花果苞片红色，直立，基生苞片8，三角卵形；雄花具梗，生榕果内壁口部或散生，花被片4，被毛，雄蕊2枚；瘿花无梗或有短梗，子房卵圆形，花柱侧生，甚短；雌花无梗，花被片4，卵圆形，花柱无毛，柱头2裂。瘦果光滑。花期9月至翌4月，果期5—8月。

贵州产于兴义、安龙、罗甸、独山等地山坡疏林中。

19b. 光叶楔叶榕 Ficus trivia Corner var. **laevigata** S. S. Chang

Ficus trivia Corner var. *laevigata* S. S. Chang in Guihaia 4（2）:118.1984.

叶椭圆形，长6.5—11(—16)厘米，宽2.5—4(—6)厘米，两面无毛或疏被稀疏白糙毛，基部狭楔形，侧脉3—4(—7)对；叶柄粗壮，长1—2(—5)厘米。榕果多数密集，直径约1厘米，果柄长5—10毫米。花果期5—8月。

贵州产于平塘。模式标本产于广西平果。

楔叶榕 *Ficus trivia* Corner　杨成华摄

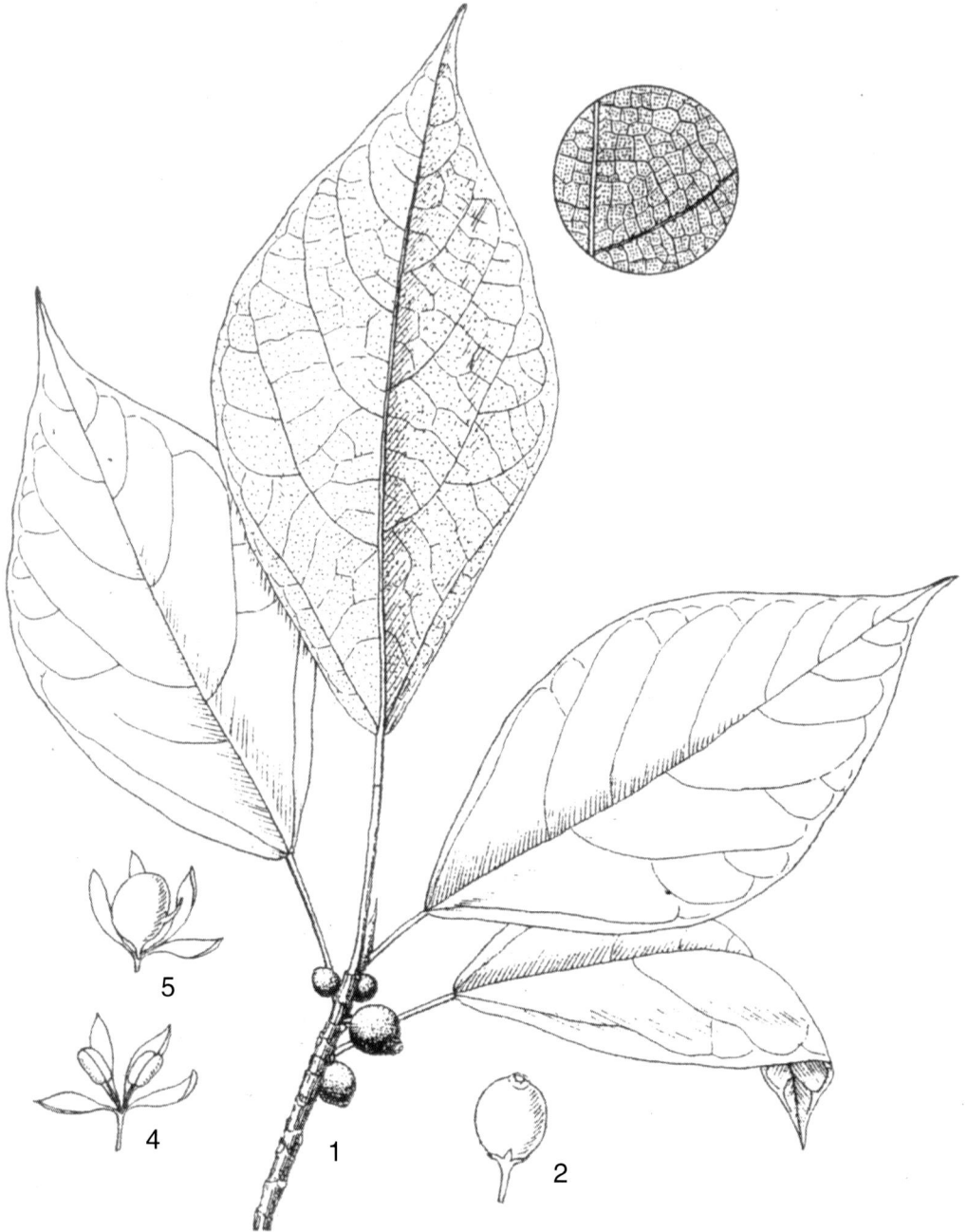

图版29 楔叶榕 *Ficus trivia* Corner：1. 果枝，2. 榕果，3. 雌花，
4.雄花，5.叶下面部分放大。（张泰利绘）

20.变叶榕 Ficus variolosa Lindl. ex Benth.　击常木、赌博赖、常绿天仙果　图版30

灌木或小乔木，高3—10米。树皮灰褐色，小枝节间短。叶互生，薄革质，长椭圆形至披针形，长5—12厘米，宽1.5—4厘米，顶端钝或钝尖，基部楔形，全缘微反卷，侧脉7—11(—15)对，与中脉几成直角展出；叶柄长6—10毫米；托叶长三角形，长约8毫米。榕果成对或单生叶腋，球形，直径10—12毫米，有小瘤体，顶部苞片脐状突起，基生苞片3，卵状三角形，基部微合生，果柄长8—12毫米；雄花和瘿花同生于一榕果中，雄花散生内壁，花被片3—4，线形，长短不一，雄蕊2—3枚，花药长椭圆形，长于花丝；瘿花无梗或有短梗，花被片4—6，披针形，舟状，包围子房，子房卵圆形，花柱侧生，短；雌花生于另一植株榕果中，有梗或无梗，花被片3—4。成熟榕果红色，瘦果卵形，花柱长，侧生。花果期6—8月。

贵州产于荔波、凯里(雷公山)、江口等地，生于海拔500—1000米沟边、灌丛中。我国西南部与东南部有分布。

变叶榕 *Ficus variolosa* Lindl. ex Benth.　张玉武摄

图版30 变叶榕 *Ficus variolosa* Lindl. ex Benth.：1. 果枝，2. 雄花，3. 雌花。（谢华绘）

冠毛榕变种检索表

1. 榕果直径7—10毫米，近球形，柄长1—5毫米，叶薄被绵毛。

　　2. 叶菱形，边缘上部分裂为2—3对粗齿 ………………………………

　　　　………… 21b. 菱叶冠毛榕 *F. gasparriniana* Miq. var. *laceratifolia*（Lévl. et Vant.）Corner

　　2. 叶不为菱形，全缘。

　　　　3. 叶倒卵状椭圆形，背面密被绵毛，干后绿色，侧脉4—6对；榕果球形，直径7—8毫米，近
　　　　无柄 …… 21c. 绿叶冠毛榕 *F. gasparriniana* Miq. var. *viridescens*（Lévl. et Vant.）Corner

　　　　3. 叶条状披针形，侧脉多对；榕果椭圆形，柄长0.5毫米 ………………………………

　　　　……… 21d. 长叶冠毛榕 *F. gasparriniana* Miq. var. *esquirolii*（Lévl. et Vant.）Corner

1. 榕果直径10—15毫米，球形，有短柄；叶近光滑无毛 ………………………………
　　…………………………………………………… 21a. 冠毛榕 *F. gasparrinlana* Miq.

21a. 冠毛榕 **Ficus gasparriniana** Miq.

Ficus silbetensis Miq.

灌木。小枝纤细，节短，幼嫩部分被绒毛。叶互生，纸质，卵状披针形，微钝，全缘，表面略粗糙，有钟乳体，背面近无毛，基脉三出，侧脉3—6对；叶柄长约1厘米，被小柔毛；托叶披针形，长约10毫米。榕果成对腋生或单生叶腋，有短柄，幼时卵椭圆形，被柔毛，成长球形，有白斑，直径10—15毫米，宽7—11毫米，顶生苞片脐状凸起，红色，基生苞片3，宽卵圆形，成熟榕果紫红色；雄花有梗，花被片3，雄蕊2—3枚；瘿花花被片3—4，倒披针形，子房斜卵形，花柱侧生，浅2裂；雌花花被片4，瘦果卵球形，光滑，花柱侧生，长，弯曲，柱头纤细。花期5—7月。

贵州产于荔波、兴义、安龙、榕江、册亨、望谟、罗甸、平塘、黎平等地。

本种贵州有3个变种。

21b. 菱叶冠毛榕 **Ficus gasparriniana** Miq. var. **laceratifolia**（Lévl. et Vant.）Corner　裂叶榕、雀树

图版31：5

叶菱形，背面微被毛，近顶端分裂为2—3对粗齿裂，瘦果直径2.5—3.5毫米。

产贵阳、独山、荔波、兴义、望谟、赤水等地，生于海拔600—1300米山坡灌木丛中。

21c. 绿叶冠毛榕 **Ficus gasparriniana** Miq. var. **viridescens**（Lévl. et Vant.）Corner　小果榕

图版31：1—4

叶倒卵状椭圆形，背面密被绵毛，侧脉4—8对，干后绿色，榕果直径7—8毫米。

贵州产于黔南、黔东北、黔东南，生于海拔900—1300米山地、路旁灌丛中或井边。

21d. 长叶冠毛榕 Ficus gasparriniana Miq. var. **esquirolii**（Lévl. et Vant.）Corner 图版31：6

叶披针形，背面微被柔毛，侧脉8—18对，榕果球形至椭圆球形，直径1厘米。

贵州产于兴义、安龙地区，生于海拔500—1000米山地灌木丛或沟边湿润地区。

菱叶冠毛榕 Ficus gasparriniana Miq. var. *laceratifolia*（Lévl. et Vant.）Corner 谢华摄

长叶冠毛榕 Ficus gasparriniana Miq. var. *esquirolii*（Lévl. et Vant.）Corner 谢华摄

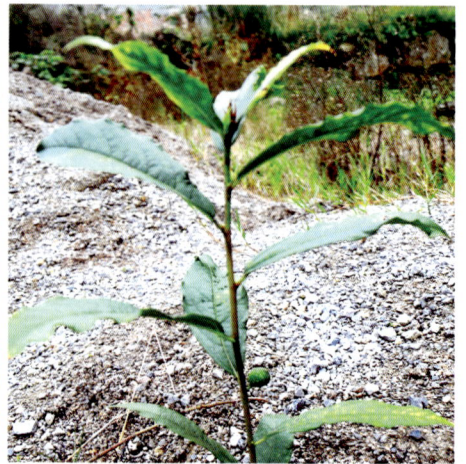

绿叶冠毛榕 Ficus gasparriniana Miq. var. *viridescens*（Lévl. et Vant.）Corner 谢华摄

图版31 1—4. 绿叶冠毛榕 *Ficus gasparriniana* Miq. var. *viridescens*（Lévl. et Vant.）Corner：1. 果枝，2. 叶背面，3. 榕果，4. 瘦果。5. 菱叶冠毛榕 *Ficus gasparriniana* Miq. var. *laceratifolia*（Lévl. et Vant.）Corner。6.长叶冠毛榕 *Ficus gasparriniana* Miq. var. *esquirolii*（Lévl. et Vant.）Corner（张培英绘）

22a. **台湾榕** Ficus formosana Maxim. 小银茶匙　图版32

Ficus lageniformis Lévl. et Vant.

Ficus taiwaniana Hayata

灌木，高1.5—3米。小枝、叶柄、叶脉幼时疏被柔毛，枝纤细，节短。叶膜质，倒卵状披针形，长4—11厘米，宽1.3—3.5厘米，全缘或在中部以上有疏钝齿裂，顶部渐尖，中部以上渐狭成狭楔形，干后表面墨绿色，背面淡绿色，叶脉不明显。榕果单生叶腋，卵球形，直径6—9毫米，光滑或略具瘤点，顶部脐状突起，基部收缩为纤细短柄，基生苞片3，边缘齿状，果柄长2—3毫米，纤细；雄花散生内壁，有或无柄，花被片3—4，卵形，雄蕊2，稀为3，花药长过花丝，瘿花花被片4—5，舟状，子房球形，有柄，花柱短，侧生；雌花，或无梗，花被片4，花柱长，柱头漏斗形。瘦果球形，光滑。花果期4—7月。

贵州产榕江(月亮山)、黎平等低海拔山地。国内湖南、广西、广东、海南、福建、台湾有分布。

22b. **细叶台湾榕** Ficus formosana Maxim. f. **shimadai** Hayata

叶膜质，线状披针形，侧脉多对，平行展出，小脉不明显。

国内分布于台湾、浙江、江西、广东、广西、贵州、云南。越南北部也有。

台湾榕 *Ficus formosana* Maxim. 陈炳华摄

图版32 台湾榕 *Ficus formosana* Maxim.：1. 果枝，2. 果，3. 雄花。（谢华绘）

23.壶托榕 Ficus ischnopoda Miq. 瘦柄榕 图版33

　　灌木状小乔木，高2—3米；茎皮灰色，略具棱翅；幼枝节短，带红色，叶多集生于小枝顶，纸质，椭圆状披针形至倒披针形，长4—13厘米，宽1—3厘米，全缘，先端渐尖，基部楔形，表面深绿色，背面干后浅棕色，两面无毛，基生侧脉短，侧脉7—15对，弯弧向上；叶柄长5—8毫米；托叶线状披针形，长约8毫米。榕果单生叶腋，稀成对腋生，或生于落叶小枝上，圆柱形或圆锥状，长10—20毫米，直径5—8毫米，表面具槽纹，基部缢缩成短柄，干瘦，总梗长1—4厘米；雄花生于榕果内壁近口部，具柄，有苞片1枚，花被片3—4，倒披针形，雄蕊2，花药椭圆形；瘿花近无柄，花被片4，子房近球形，花柱短，侧生，柱头浅2裂；雌花生于另一植株榕果内壁，具柄，花被片与雄花同数。瘦果肾形，表面略具瘤状凸体，花柱较长，柱头2裂。花果期5—8月。

　　贵州产荔波、兴义、安龙、册亨、望漠、罗甸、平塘、黎平等地。生于海拔160—1600（—2220）米河滩地带，灌木丛中。国内云南（泸水、景东、西双版纳、河口、文山）有分布。印度（阿萨姆）、孟加拉国（吉大港）、缅甸、越南、泰国、马来西亚（南至雪兰峨）有分布。

壶托榕 *F. ischnopoda* Miq. 谢华摄

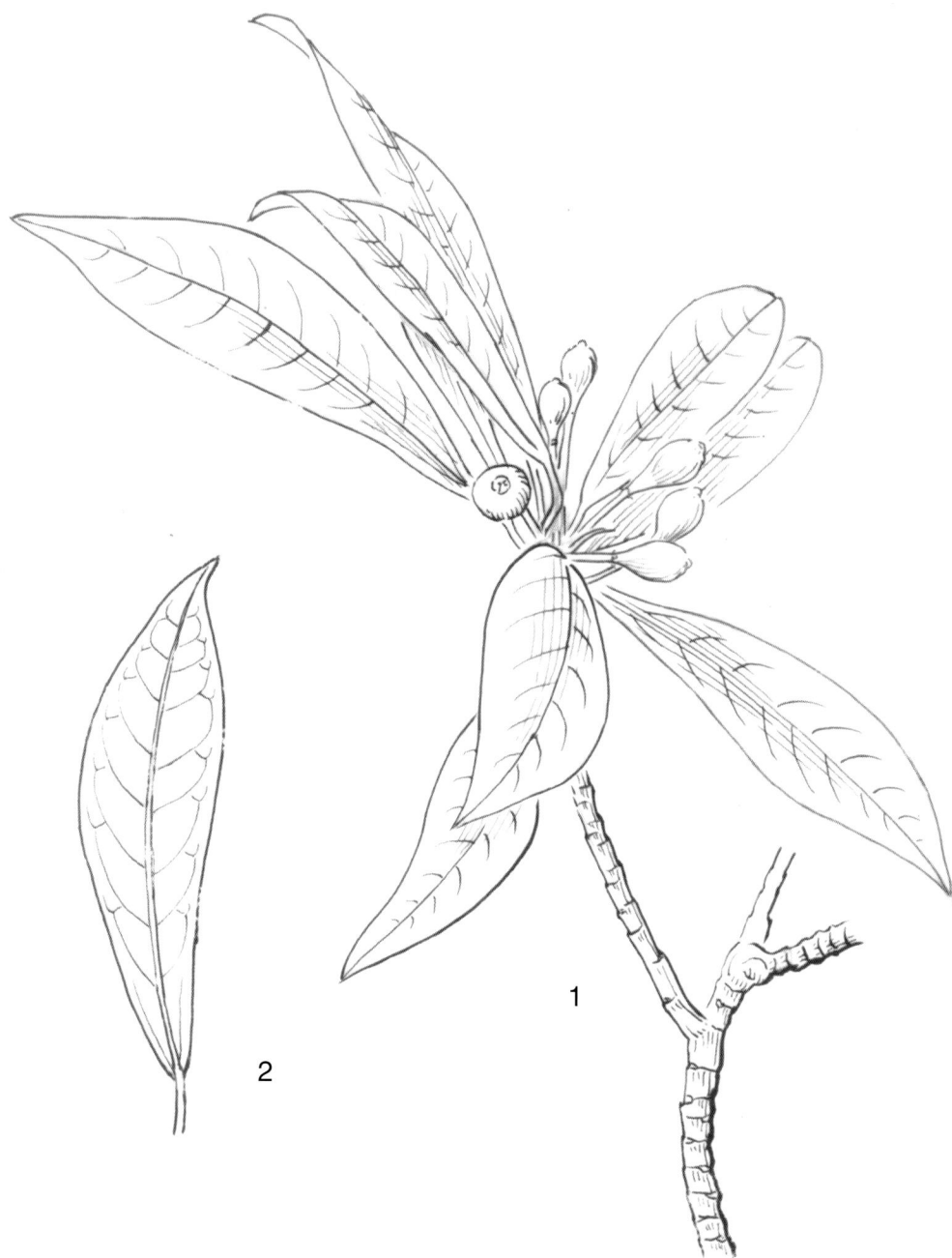

图版33 壶托榕 *Ficus ischnopoda* Miq.：1. 果枝，2. 叶背面。（谢华绘）

24a.竹叶榕 Ficus stenophylla Hemsl. 竹叶牛奶子 图版34

Ficus nerium Lévl. et Vant.

小灌木，高1—3米。小枝散生灰白色硬毛，节间短。叶互生，纸质，线状披针形，长5—13厘米，宽8—15毫米，顶部渐尖，基部楔形至近圆形，表面无毛，背面有钟乳体，全缘，侧脉7—17对；托叶披针形，红色，无毛，长约8毫米；叶柄长3—7毫米。榕果卵球形，表面稍具棱纹，直径7—8毫米，成藕深红色，顶端脐状突起，基生苞片三角形，宿存，柄长20—40毫米；雄花和瘿花同生于雄株榕果中，雄花生于内壁口部，有短梗，花被片3—4，卵状披针形，红色，雄蕊2—3枚，花药短；瘿花具梗，花被片3—4，倒披针形，内弯，子房球形，花柱短，侧生；雌花生于另一植株榕果中，近无梗，花被片4，条形，顶端钝。瘦果近球形，顶都具棱，一边微凹入，花柱侧生，纤细。花果期5—7月。

贵州产于瓮安、贵阳、望谟、罗甸等地，生溪旁潮湿处。

竹叶榕 *Ficus stenophylla* Hemsl. 谢华摄

图版34 竹叶榕 *Ficus stenophylla* Hemsl.：1.果枝，2.叶示背面叶脉，3.雌花，4.雄花。（谢华绘）

24b.长柄竹叶榕 Ficus stenophylla Hemsl. var. **macropodocarpa**（Lévl. et Vant.）Corner

叶倒披针形，干后背面黄绿色，榕果柄长达55毫米。

分布同上。

本种及变种均为固沙植物。

亚系2. 石榕亚系 Subser. Basitepalae Corner

25.地瓜 Ficus tikoua Bur 地果、地石榴　图版35：5—7

葡萄木质藤本，茎上生细长不定根，节膨大；幼枝偶有直立的，高达30—40厘米，叶坚纸质，倒卵状椭圆形，长2—8厘米，宽1.5—4厘米，先端急尖，基部圆形至浅心形，边缘具波状疏浅圆锯齿，基生侧脉较短，侧脉3—4对，表面被短刺毛，背面沿脉有细毛；叶柄长1—2厘米，直径立幼枝的叶柄长达6厘米；托叶披针形，长约5毫米，被柔毛。榕果成对或簇生于葡萄茎上，常埋于土中，球形或卵球形，直径1—2厘米，基部收缩成狭柄，成熟时深红色，表面多圆形瘤点，基生苞片3，细小；雄花生榕果内壁孔口部，无柄，花被片2—6，雄蕊1—3；雌花生另一植株榕果内壁，有短柄，无花被，有黏膜包被子房。瘦果卵球形，表面有瘤体，花柱侧生，长，柱头2裂。花期5—6月，果期7月。

贵州产于贵阳、纳雍、荔波、施秉等地。国内湖南、湖北、广西、云南、西藏、四川、甘肃、陕西有分布。常生于荒地、草坡或岩石缝中。

地瓜 *Ficus tikoua* Bur 石崇燕摄

26.石榕树 Ficus abelii Miq. 牛奶子　图版35：1—4

Ficus schinzii Lévl. et Vant.

灌木，高1—2.5米。树皮深灰色，小枝，叶柄密生灰白色粗短毛。叶纸质，窄椭圆形至倒披针形，长4—9厘米，宽1—2厘米，顶端短渐尖至急尖，基部楔形，全缘，表面散生短粗毛，成长脱落，背面密生黄色或白色短硬毛和柔毛，基生脉3，侧脉7—9对，表面下陷，网脉在背面明显；叶柄长4—10毫米，被毛；托叶披针形，长约4毫米，微被柔毛。榕果单生叶腋，近梨形，直径1.5—2厘米，成熟时紫黑色或褐红色，密生白色硬粗毛，顶部脐状凸起，基部收缩为短柄，基生苞片3，三角卵形，被毛，果柄长7—10毫米，被短粗毛；雄花散生于花序内壁，近无梗，花被片3，短于雄蕊，雄蕊2—3，长短不一，花药长于花丝；瘿花同生于一榕果内，花被合生，顶端有3—4齿裂，子房球形，略具小瘤点，花柱侧生，短；雌花无花被，花柱近顶生，长，柱头线形。瘦果肾形，外有一层泡状黏膜包着。花期5—7月。

贵州产于贵阳、安龙、册亨、望谟、罗甸、榕江等地，常生于河边灌丛中。国内云南、广西、广东、海南有分布。

石榕树　*Ficus abelii* Miq. 杨成华摄

图版35 1—4.石榕树 *Ficus abelii* Miq.：1.果枝，2.榕果，3.雌花，4.雄花。5—7.地瓜 *Ficus tikoua* Bur：5.果枝，6—7.雄花。（张培英绘）

亚组2.绵毛榕亚组 Subsect. **Eriosycea**(Miq.)Corner

系1. 绵毛榕系 Ser. **Eriosyceae** Corner

亚系1.绵毛榕亚系 Subser. **Eriosyceae** Corner

27. 黄毛榕 Ficus esquiroliana Lévl.　　猫卵子　　图版36：1—4

　　小乔木，高7—15米。胸径10—20厘米，树皮灰褐色，树冠广展，小枝圆柱形，横径约10毫米，中空，密被黄褐色粗毛，幼芽粗壮，密被黄褐色柔毛。叶互生，膜质，广卵形或浅心形，边缘具细锯齿，通常3—5浅裂或深裂，表面疏被长硬毛，背面密被绒毛和长粗毛，在主脉和侧脉上密生金黄色长硬毛，基生脉5—7条，侧脉3—6对；叶柄长2—8厘米，密被黄褐色硬毛；托叶卵状披针形，红褐色，长3—6厘米，顶端急尖呈尾状，外面密被褐色长粗毛和柔毛。榕果成对腋生，无柄，球形至卵球形，直径2—3厘米，密被黄褐色长柔毛，顶生苞片披针形，直立，边缘有锯齿，基生苞片3枚，红褐色，披针形，长约2厘米，顶部骤尖尾状，内面疏被长粗毛；雄花生于榕果内壁近口部，近无梗，花被片4，褐色，条形，雄蕊2枚，短于花被片，花药长椭圆形，花丝短，基部簇生刚毛；瘿花有梗或无梗，花被片4—5，褐色，条状披针形，子房卵形，花桂侧生，短，柱头漏斗状；雌花生于另一花序内，多数，具梗，花被片与瘿花同，子房白色，斜卵圆形，花柱侧生，长，柱头膨大，被柔毛。瘦果斜卵形，表面有小瘤体。花期9月至翌年4月，果期5—8月。

　　贵州产于册亨、罗甸，生沟谷阔叶林中。国内云南、广西、广东有分布。

黄毛榕 *Ficus esquiroliana* Lévl. 安明态摄

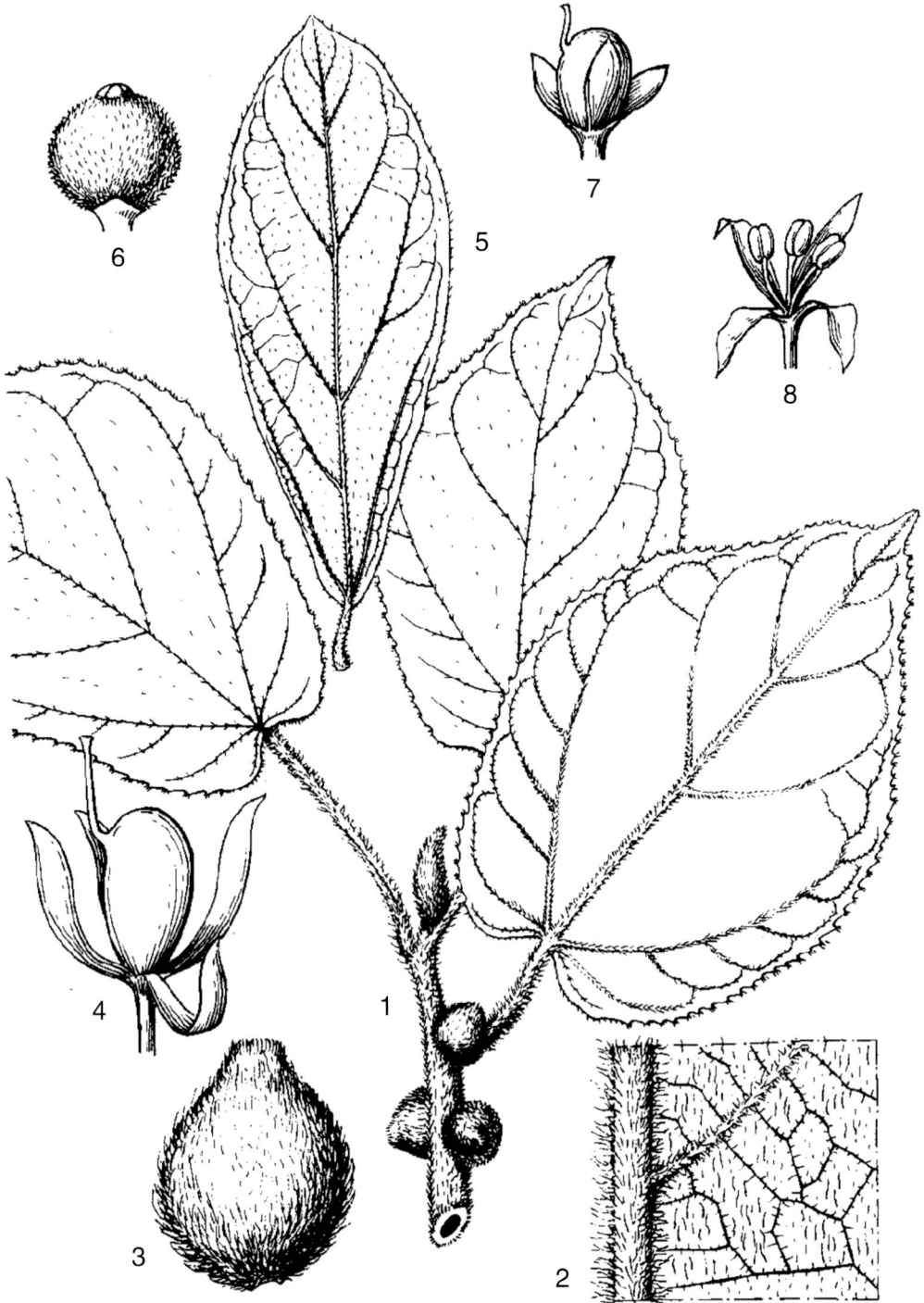

图版36 1—4. 黄毛榕 *Ficus esquiroliana* Lévl.：1. 果枝，2. 叶背面部分放大，3. 榕果，4. 雌花。
5—8. 平塘榕 *Ficus tuphapensis* Drake：5. 叶背面，6. 榕果，7. 雄花，8. 雌花。（谢华绘）

亚系2.粗叶榕亚系 Subser. **Trichosyceae**（Miq.） Corner

28a. 粗叶榕 (原变种) Ficus hirta Vahl 丫枫小树、大青叶、佛掌榕、掌叶榕、山龙爪 图版37：1—6

Ficus hibiscifolia Champ. et Benth.

灌木或小乔木。嫩枝中空，小枝、叶背和榕果均被金黄色广展长硬毛。叶互生，纸质，多型，长椭圆状披针形或广卵形，长10—25厘米，边缘具细锯齿，有时全缘或3—5深裂，先端急尖或渐尖，基部圆形、浅心形或宽楔形，表面粗糙，疏生短硬毛，背面除金黄色长硬毛外，有时密生柔毛，基生脉3—5条，侧脉每边4—7条；叶柄长2—8厘米；托叶卵状披针形，长10—30毫米，膜质，红色，被柔毛。榕果成对腋生或生于已落叶枝的叶腋，球形或椭圆球形，无柄或近无柄，直径6—15毫米，幼时顶部苞片形成脐状凸起，基生苞片卵状披针形，长1—3厘米，膜质，红色，被柔毛。雌花果球形，雄花及瘿花果卵球形，雄花生于榕果内壁近口部，有梗，花被片4，披针形，红色，雄蕊2—3枚，花柄椭圆形，长于花丝；瘿花花被片与雄花同数，子房球形，光滑，花柱侧生，短，柱头漏斗形；雌花生于雌株榕果内，有梗或无梗，花被片4。瘦果椭圆形，表面有小瘤体，花柱侧生于一侧微凹处，细长，柱头棒状。

贵州产于兴义、安龙、册亨、望漠、罗甸、平塘、黎平等地；分布于海拔500—1000米山坡疏林中。我国南方各省常见。

粗叶榕 *Ficus hirta* Vahl 刘演摄

28b. 薄毛粗叶榕 Ficus hirta Vahl var. imberbis Gagnep.（变种）（新拟）三指佛掌榕（云南种子植物名录） 图版37：7—8

本变种叶长圆状椭圆形，叶缘具细齿，被薄毛，毛长1—2毫米，榕果几无毛。

贵州产于兴义、安龙、册亨、望谟、罗甸、平塘、黎平等地；国内云南、广东、海南有分布。越南、老挝及泰国北部也有分布。中国高等植物图鉴1：489.与977图似为本变种，而定名作掌叶榕。

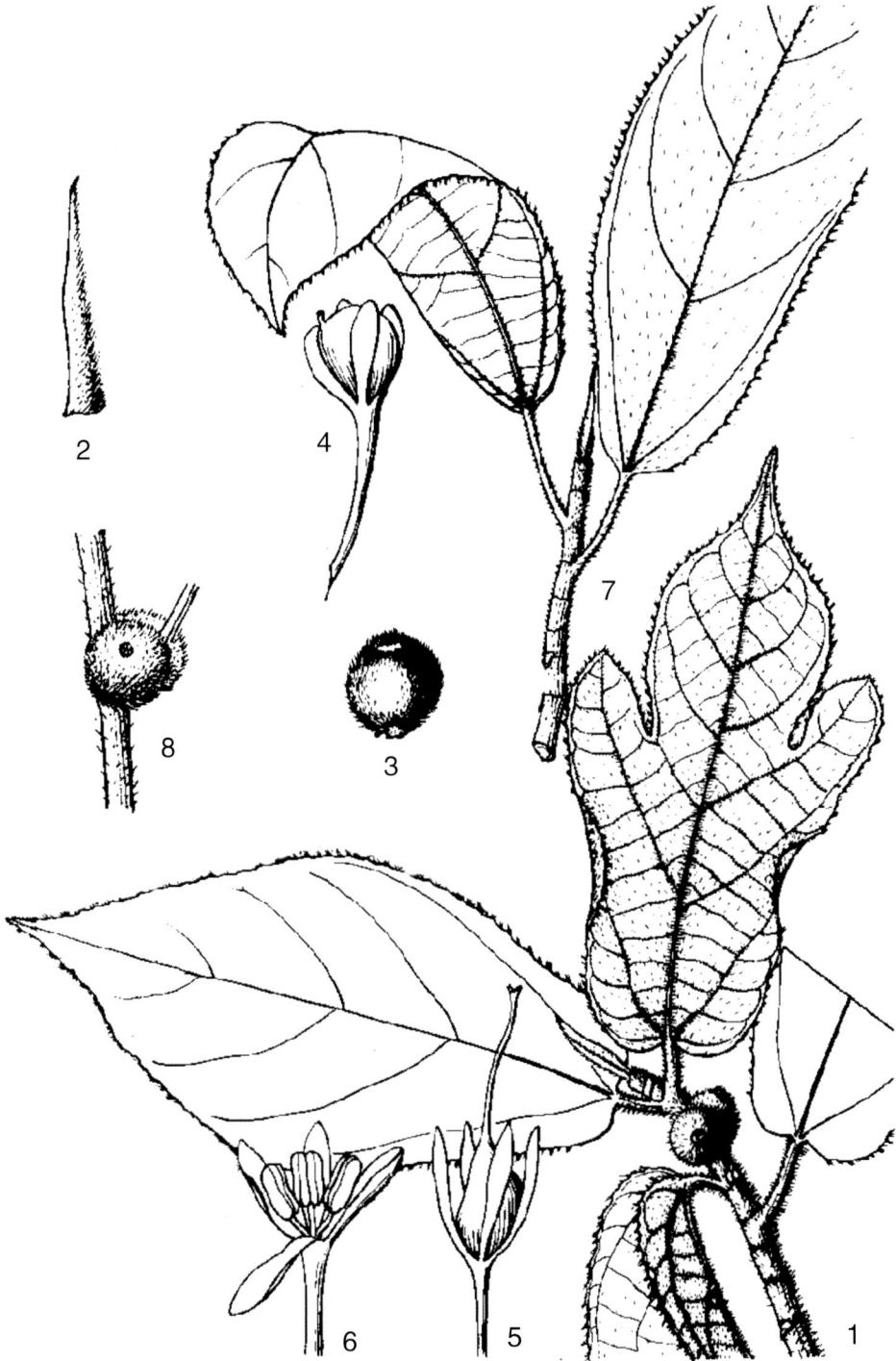

图版37 1—6.粗叶榕 *Ficus hirta* Vahl：1.果枝，2.托叶，3.榕果，4.瘿花，5.雌花，6.雄花。
7—8.薄毛粗叶榕 *Ficus hirta* Vahl var. *imberbis* Gagnep.：7.叶枝，8.果枝。（张培英绘）

亚系3.纸叶榕亚系 Subser. **Cuneifoliae** Corner

29. 平塘榕 Ficus tuphapensis Drake 保亭榕 图版36：5—8

直立灌木，高达3米；幼枝被平贴短粗毛。叶螺旋状排列，近革质，长椭圆形，长6—14厘米，宽2.5—5厘米，顶端急尖或圆钝，基部钝或圆，全缘，被粗糙贴伏毛，背面密生黄褐色糙毛，基脉延长；侧脉5—6对，基出侧脉达叶的1/2处；叶柄长约1厘米，密被短粗毛；托叶披针形，长约1厘米，被毛，早落。榕果球形，无总梗，直径1—2厘米，被短绢毛，成熟时黄色，基生苞片3，广卵形；雄花具柄，生于榕果内壁近口部，少数，花被片4，褐色，近匙形，雄蕊2—3枚，花药椭圆形；瘿花无柄或具短柄，花被片与雄花同数，子房近球形，花柱侧生，短，柱头漏斗形；雌花生于另一植株榕果内壁，柄短，花被片3—4，近匙形。瘦果卵状椭圆形，光滑，花柱侧生，长。花期3—4月，果期5月。

贵州产于贵州平塘。国内广西、云南有分布。越南北部有分布。

平塘榕 *Ficus tuphapensis* Drake 杨成华摄

组2. 大果榕组 Sect. **Neomorphe** King

系1.大果榕系 Ser. **Auriculata** Corner

30. 大果榕 Ficus auriculata Lour. 馒头果、大无花果、波罗果、大木瓜、密枇杷、大石榴 图版38：

1—5 *Ficus macrocarpa* Lévl. et Vant.

乔木或小乔木，高4—10米。胸径10—15厘米，树冠宽大，树皮灰褐色，粗糙，幼枝被柔毛，横径10—15毫米，红褐色，中空。叶互生，厚纸质，广卵状心形，长15—55厘米，宽13—27厘米，顶端钝，具短尖，基部心形，稀圆形，边缘具细锯齿，表面无毛，仅于中脉及侧脉有微柔毛，下面有开展短柔毛，基生侧脉5—7条，侧脉每边3—4条，在表面微下凹或平坦，背面凸起；叶柄长5—8厘米，粗壮；托叶三角卵形，长1.5—2厘米，紫红色，外面被短柔毛。榕果簇生于树干基部或无叶短枝上，大梨形或扁球形至陀螺形，直径3—5厘米，具明显的纵棱8—12条，幼时被白色短柔毛。成热榕果红褐色，顶生苞片宽三角状卵形，4—5轮呈覆瓦状排列，莲座状，基生苞片3枚，卵状三角形；果柄长4—6厘米，粗壮，被柔毛；雄花无梗，花被片3，匙形，薄膜质，透明，雄蕊2—3枚，稀为1，花药卵形，花丝长；瘿花花被片下部合生，上部3裂，微覆盖子房，花柱微侧生，被毛，柱头膨大；雌花生另一植株的榕果内，有或无梗，花被片3裂，子房卵圆形，花柱侧生，较瘿花花柱长。瘦果有黏液。花期9月至翌年4月，果期5—8月。

　　贵州产于荔波、兴义、安龙、册亨、望漠、罗甸等地，生沟谷路边疏密林中。

　　果实成熟味甜可食。

大果榕 *Ficus. auriculata* Lour.
1. 植株；2. 叶；3. 果枝。谢华摄

31.苹果榕 **Ficus oligodon** Miq. 地瓜、橡胶树、木瓜果 图版38：6—7

Ficus pomifera Wall. et King.

小乔木，高5—10米，胸径10—15厘米，树皮灰色，平滑；树冠广阔；幼枝略被柔毛。叶互生，纸质，倒卵状椭圆形或椭圆形，长10—25厘米，宽6—13厘米，顶端渐尖至急尖，基部浅心形至宽楔形，边缘在叶片1/3以上具不规则粗锯齿数对，表面无毛，背面密生小瘤体，幼叶中脉和侧脉疏生白色细毛，基生叶脉三出，延伸至叶片中部以上，侧脉4—6对，在背面隆起，近基部的一对与其他侧脉相距较远；叶柄长4—6厘米；托叶卵状披针形，无毛或被微柔毛，长1—1.5厘米，早落。榕果簇生于老茎发出的短枝上，梨形或近球形，直径3—3.5厘米，表面有4—6条纵棱和小瘤体，被微柔毛，成熟深红色，顶部压扁，基部收缩为短柄，顶生苞片卵圆形，排列为莲座状，基生苞片3，三角卵形；果柄长2.5—3.5厘米；雄花生榕果内壁口部，具短梗，花被薄膜质，顶端2裂，雄蕊2枚；瘿花有梗，生内壁中下部，多数，花被合生，薄膜质，子房倒卵形，花柱短，侧生；雌花生于另一植株榕果内壁，有短梗，花被3裂，花柱侧生，较瘿花花柱长，光滑。瘦果倒卵圆形，光滑。花期9月至翌年4月。

贵州产于兴义、安龙、册亨、望谟、罗甸、镇宁等地，生沟谷林中。国内云南、广西、广东、海南有分布。

苹果榕 *Ficus oligodon* Miq. 陈翔摄

图版38 1—5.大果榕 *Ficus auriculata* Lour.：1.叶枝，2.榕果，3.雌花，4.雄花，5.叶背面示部分。
6—7.苹果榕 *Ficus oligodon* Miq.：6.叶，7.果枝。（谢华绘）

组3. 岩木瓜组 Sect. Sinosycidium Corner

32. 岩木瓜 Ficus tsiangii Merr. ex Corner 阿巴果 图版39：1—3

灌木或乔木，高4—6米。树皮灰褐色，粗糙，分枝稀疏，小枝节间长，直径3—4毫米，密生灰白色至黄褐色短硬毛。叶螺旋状排列，纸质，卵形至倒卵椭圆形，长8—23厘米，宽5—15厘米，顶端稍宽，渐尖或为尾状，长约7—13毫米，基部圆形至浅心形或宽楔形，表面很粗糙，被粗糙硬毛，背面有钟乳体，密被灰白色或褐色糙粗毛，基生叶脉三出，延伸至叶片中部以上，侧脉每边4—5条，叶基有2腺体；叶柄细，长3—12厘米；托叶早落，披针形，长5—6毫米，被贴伏柔毛。榕果簇生于老茎基部或落叶瘤状短枝上，卵形至球状椭圆形，长2—3.5厘米，宽1.5—2厘米，被粗糙短硬毛，成熟红色，表面有侧生苞片，顶生苞片直立，果柄长2—4厘米，榕果内壁有刚毛；雄花两型，生内壁口部或散生，无梗雄花生于口部；有梗雄花散生，花被片3—5枚，线状披针形，雄蕊2，稀为1，花丝基部有毛，花药无短尖；雌花子房无柄，花被散生刚毛，柱头浅2裂，不育花小。瘦果透镜状，微具龙骨。花期5—8月。模式标本采自贵州贞丰县。

贵州产于兴义、贞丰、安龙、册亨、沿河、开阳、荔波等地，多生于海拔600—1000米山谷、沟边潮湿地区。国内四川、云南、湖北、湖南、广西有分布。

本种是中国特有种。

岩木瓜 *Ficus tsiangii* Merr. ex Corner 莫家伟、谢华摄

图版39 1—3. 岩木瓜 *Ficus tsjangii* Merr. ex Corner：1.叶枝，2.雌花，3.叶背面一部分。4—7. 鸡嗉子榕
F. semicordata Buch. -Ham. ex J. E. Sm.：4.叶枝，5.果枝，6.榕果纵切面，7.叶背面一部分。
8—10. 歪叶榕 *F. cyrtophylla* Wall. ex Miq.：8.果枝，9.瘿花果，10.叶背面一部分。   （张培英绘）

组4.糙叶榕组 Sect. **Sycidium**(Miq.)Corner

亚组1.糙叶榕亚组 Subsect. **Sycidium** Miq.

33.鸡嗦子榕 Ficus semicordata Buch. -Ham. ex J. E. Sm. 鸡嗦子果、 鸡嗦子、山枇杷果

图版39：4—7

Ficus cunia Buch. -Ham. ex Roxb.

小乔木，高3—10米，胸径1.5—2.5厘米，树皮灰色，平滑，树冠平展，伞状；幼枝密被黄褐色硬毛。叶椭圆形或矩圆状披针形，长18—28厘米，宽9—11厘米，纸质，先端渐尖，基部偏心形，一侧耳状，边缘有细锯齿或全缘，表面粗糙，脉上被硬毛，背面密生短硬毛和黄褐色小突点，基生侧脉三出，侧脉10—14对，耳叶基部具小侧脉3—4条；叶柄长5—10毫米，粗壮，密被硬毛；托叶披针形，长2—3.5厘米，膜质，近无毛，红色。榕果成对生于无叶小枝腋，果枝下垂至根部，或穿入土中，球形，直径1—1.5厘米，被短硬毛，有侧生苞片，基生苞片3，被毛，果柄长5—10毫米，被硬毛，榕果成熟为紫红色；雄花生内壁近口部，花被片3枚，红色，倒披针形，长于雄蕊，雄蕊1或2枚，花药白色，花丝短；瘿花花被片4—5，线状披针形，花柱侧生，短；雌花花被片与瘿花同，基部有苞片1枚，子房卵状椭圆形，花柱侧生，长，柱头圆柱形，浅2裂。瘦果宽卵形，顶端一侧微缺，表面微具瘤体。花期5—10月。

贵州产于册亨、望漠、罗甸沟谷林中。国内云南有分布。

鸡嗦子榕 *Ficus semicordata* Buch. -Ham. ex J. E. Sm. 杨成华摄

亚组2.山榕亚组 Subsect. **Varinga**（Miq.）Corner

山榕系 Ser. **Heterophlleae** Corner

34.歪叶榕 Ficus cyrtophylla Wall. ex Miq. 不对称榕　图版39：8—10

Ficus asymmetrica Lévl. et Vant.

灌木或小乔木，高3—6米，胸径5—6厘米，树皮灰色，近光滑；小枝、叶柄，榕果密被短硬毛。叶互生，排为二列，纸质，两侧不对称，矩圆形至矩圆状倒卵形，长9—15厘米，稀更长，宽5—8厘米，先端渐尖或尾尖，基部歪斜，边缘锯齿不整齐，基片侧脉三出，侧脉每一个边4—5条，表面极粗糙，具乳突状钟乳体，脉上被短硬毛，背面密被褐色短硬毛和柔毛；叶柄长1—1.4厘米；托叶披针形，被毛，早落。榕果单生，成对或簇生于叶腋，卵圆形，直径8—10毫米，基部收缩成短柄，成熟橙黄色，表面密被短硬毛，顶生苞片卵圆形，基生苞片3，卵圆形，被短硬毛，果柄长粗毛，花柱长。

贵州产于兴仁、册亨、望漠、罗甸、荔波等地，生于海拔500—800米山地疏林中。

歪叶榕 *Ficus cyrtophylla* Wall. ex Miq.　谢华摄

亚组3.斜叶榕亚组 Subsect. **Palaeomorphe**（King）Corner

斜叶榕系 Ser. **Pallidae** Miq.

35.斜叶榕 Ficus tinctoria Forst. f. subsp. **gibbosa**（Bl.）Corner　图版40：1—3

乔木或附生。叶革质，变异很大，卵状椭圆形或近菱形，两侧极不相等，在同一树上有全缘的，也有具角棱和角齿的，大小幅度相差很大；大树的叶一般长不到13厘米，宽5—6厘米，质薄，无角棱，侧脉5—7对，干后黄绿色。榕果球形，直径6—8毫米，成熟黄色，顶部脐状突起，基部收缩成柄，有苞片；雄花生于榕果内壁近口部，花被片4—6，线形，微被毛，雄蕊1枚，花丝短，有退化子房；瘿花花被片与雄花相似，子房近球形，花柱侧生；雌花于生另一植榕果内，花被片4，线形，微被毛，子房斜卵形，略具乳头状突起，花柱侧生，细长。花期夏季。

贵州产于荔波、安龙、册亨、望漠、罗甸、镇宁等地山坡。

斜叶榕 *Ficus tinctoria* Forst. f. subsp. *gibbosa*（Bl.）Corner 谢华摄

假斜叶榕系 Ser. Subulatae Corner

36.假斜叶榕 Ficus subulata Bl. 石榕、锡金榕 图版40：4—5

攀援状灌木，雄株为直立灌木；幼枝纤细，叶纸质，斜椭圆形或倒卵状椭圆形，通常两侧不甚对称，长8—15厘米，宽2.5—7厘米，先端骤尖至渐尖，全缘，初被微柔毛，成长后两面无毛，干后橄榄色或黄绿色，背面微有乳头状小凸体，基生侧脉短，侧脉7—10对，网脉不明显；叶柄长1—1.4厘米；托叶钻形，长1.5—2厘米，中部以上向外弯曲，迟落。榕果小，径0.2—0.5(—0.9)厘米；成对或成簇腋生或生于已落叶枝上，球形或卵圆形，成熟橙红色，表面琉生小瘤状凸体和侧生苞片，基生苞片有时成鞘状，一边延伸至总梗中部以上；雄花生于榕果内壁近口部，花被管状，肉质，顶部4齿裂，雄蕊1，退化子房球形；瘿花散生于榕果内壁，花被片与雄花相似，子房球形，柱头头状；雌花生于另一植株榕果内壁，花被合生，顶部齿裂，被毛。瘦果短椭圆形，花柱侧生，延长。果期5—8月。

　　贵州产于安龙、镇宁等地，多生于低海拔800米以下（云南达1600米）疏林中。国内广东、广西（扶绥）、云南、西藏（东南部）有分布，尼泊尔、印度、不丹、马来西亚、印度尼西亚也有分布。

假斜叶榕 *Ficus subulata* Bl. 谢华摄

图版40　1—3. 斜叶榕 *Ficus tinctoria* Forst. f. subsp. *gibbosa*（Bl.）Corner：1. 叶枝，2. 假两性花，3. 雌花。
4—5. 假斜叶榕 *Ficus subulata* Bl.：4. 果枝，5. 雌花。（谢华绘）

组5.对叶榕组 Sect. Sycocarpus Miq.

37.对叶榕 **Ficus hispida** Linn　牛奶子　图版41

　　灌木或小乔木。被粗毛，叶通常对生，厚纸质，卵状长椭圆形或倒卵状矩圆形，长10—25厘米，宽5—10厘米，全缘或有锯齿，顶端急尖或短尖，基部圆形或近楔形，表面粗糙，被短糙毛，背面被灰色粗硬毛，侧脉6—9对；叶柄长1—4厘米，被短糙毛；托叶2，卵状披针形，在无叶和生榕果枝上，常4枚合生成环状。榕果腋生或生于落叶枝上，或由老茎发出下垂的枝上，陀螺形，成熟黄色，直径1.5—2.5厘米，榕果体散生数枚侧生苞片和糙毛；雄花生于内壁口部，多数，花被片3，薄膜状，雄蕊1枚；瘿花无花被，花柱近顶生，粗短；雌花无花被，柱头侧生，被毛。花果期6—7月。

　　贵州产于兴义、册亨、望漠、罗甸等地山坡或沟谷阔叶林中。

对叶榕 *Ficus hispida* Linn　杨成华摄

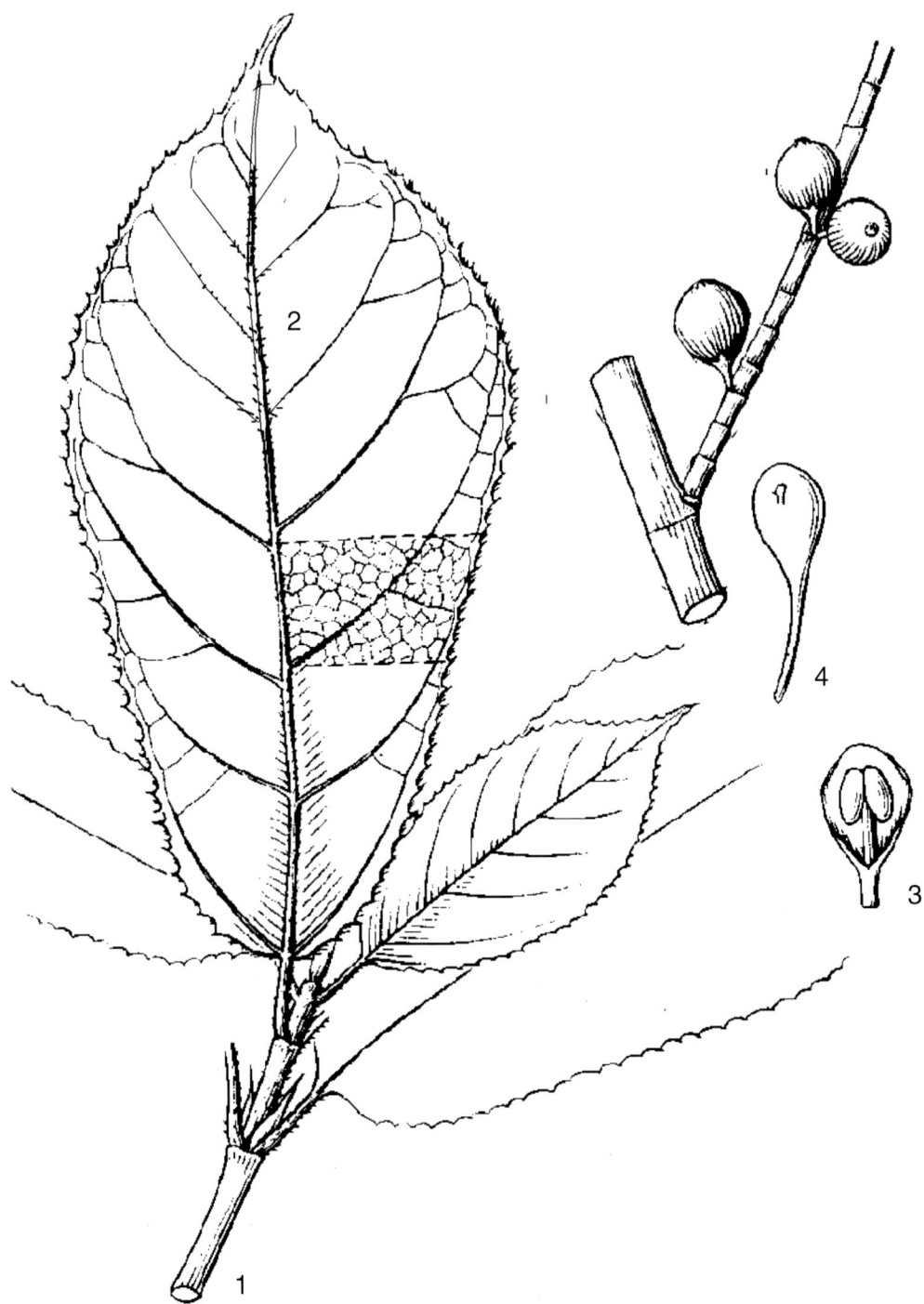

图版41 对叶榕 *Ficus hispida* Linn：1.叶枝，2.果枝，3.雄花示雄蕊，4.雌花示不具花被的子房。
（张培英绘）

组6.薜荔榕组 Sect. Rhizocladus Endl.

系1.藤榕系 Ser. Distichae Corner

38.藤榕 Ficus hederacea Roxb. 图版42：5—7

Ficus scandens Roxb.

藤状灌木。茎枝节上生根，小枝幼时被柔毛。叶排为二列，厚革质，椭圆形至卵状椭圆形，长6—11厘米，宽3.5—5厘米，顶端，钝稀圆形，基部宽楔形或钝，幼时被毛，两面有乳头状钟乳体凸起，全缘，基脉三出，延长至叶片1/2处，侧脉每边3条，在表面下陷，背面凸起；叶柄长8—10毫米，粗壮，托叶卵形，早落。榕果单生或成对腋生或生于已落叶枝的叶腋，球形，直径7—14毫米，顶部脐状，微凸起，幼时被短粗毛，成熟时黄绿色至红色，基生苞片下半部合片，上部3裂；果柄长10—12毫米，花间无刚毛；雄花少数，散生榕果内壁，无梗，花被片3—4，雄蕊2枚，花丝极短；瘿花具梗，花被片4，披针形，子房倒卵形，坚硬，黑色，花柱短，近顶生，柱头弯曲；雌花生于另一榕果内，有或无梗，花被片4，线形。瘦果椭圆形，一侧有龙骨，花柱线形。花果期5—8月。

贵州产于兴义，生于海拔1050米石灰岩山地。国内分布于广东、海南、云南。越南有分布。

藤榕 *Ficus hederacea* Roxb. 尤水雄摄

系2. 薜荔榕系 Ser. Plagiostigmaticae Corner

亚系1. 光叶榕亚系 Subser. Pogontropheae（Miq.）Corner

39.光叶榕 Ficus laevis Bl. 平滑榕 图版42：1—4

攀援藤状灌木或附生，通常光滑无毛。叶排为两列，膜质，圆形至卵状椭圆形，长10—20厘米，宽8—15厘米，先端钝或具短尖，基部圆形至浅心形，全缘，表面除中脉外无毛，背面无毛或薄被褐色柔毛，基生脉三出，延长至叶片2/3处，侧脉3—4对，小脉组成的网脉，在表面不明显，在背面较明显；叶柄长3.5—7厘米；托叶8—12毫米，早落。榕果单生叶腋，球形，直径1.2—2.5厘米，幼时绿色，成熟紫色，顶生苞片凸起，基生苞片3，三角卵形；果柄长2—3厘米；花间有刚毛，花被片均为5枚，红色；雄花和不育花生于内壁近口部，排成1至数行，花被片披针线形，雄蕊2，花丝分离或微合生，花药有短尖；瘿花子房球形，光滑，花柱短，近顶生，柱头膨大。瘦果椭圆形，有龙骨，花柱顶生，与瘦果近等长，柱头2裂。

贵州产于望谟（城关附近），生于沟谷林中。四川、广西有分布。

亚系2. 薜荔榕亚系 Subser. Plagiostigmaticae Corner

40a.褐叶榕 Ficus pubigera（Wall. ex Miq.）Miq. 毛榕

Ficus howii Merr. et Chun.

藤状灌木，老枝无毛，幼枝密被深褐色粗毛。叶排为二列，薄革质，全缘，长椭圆形，长7—11厘米，宽2.5—4厘米，先端短渐尖，基部楔形，稀圆形，干后褐色，表面无毛或沿中脉或小脉疏被柔毛，背面幼时被柔毛，后脱落，基脉三出，不延长或延长至叶片1/3处，侧脉每边5—7条；叶柄长约1厘米，微被柔毛；托叶披针形，长约4厘米，早落。榕果生于落叶小枝叶腋，球形，直径1—2厘米，表面疏生瘤状凸体，被柔毛，顶部微凸起，基生苞片肾形，被柔毛；无柄，内壁花间散生针形刚毛；雄花具梗，生于内壁近口部，花被片4，不相等，倒披针形，雄蕊2枚，花药长圆形，花丝极短；瘿花具梗，花被片4，不相等，近匙形，花柱近顶生；雌花生于另一榕果内，近无梗，花被片4。瘦果长椭圆形，稍扁，长2—2.5毫米，花柱近顶生，柱头小。花期8—10月。

贵州产于兴义、望谟、安龙、榕江等地，生于海拔1300米石灰岩山地。云南、广西、广东也有分布。

褐叶榕 *Ficus pubigera*（Wall. ex Miq.）Miq. 杨成华摄

图版42　1—4. 光叶榕 *Ficus laevis* Bl.：1. 果枝，2. 叶，3. 瘿花，4. 雄花。5—7. 藤榕 *Ficus hederacea* Roxb.：5. 果枝，6. 瘿花，7. 雄蕊。（张培英绘）

40b.大果褐叶榕 Ficus pubigera（Wall. ex Miq.）Miq. var. **malifomis** （King）Corner 图版43

榕果球形，直径1.5—2.5厘米，表面无毛，具瘤状凸体，瘿花花被片不反折。叶长圆状椭圆形，长8—12厘米，宽3—5厘米，背面褐色，无毛。

贵州产于安龙、榕江，生于林下。国内广西（大苗山、金秀）、云南南部（西双版纳）、西藏东南部（墨脱）有分布。印度东北部（喀西亚、阿萨姆）、缅甸北部也有分布。

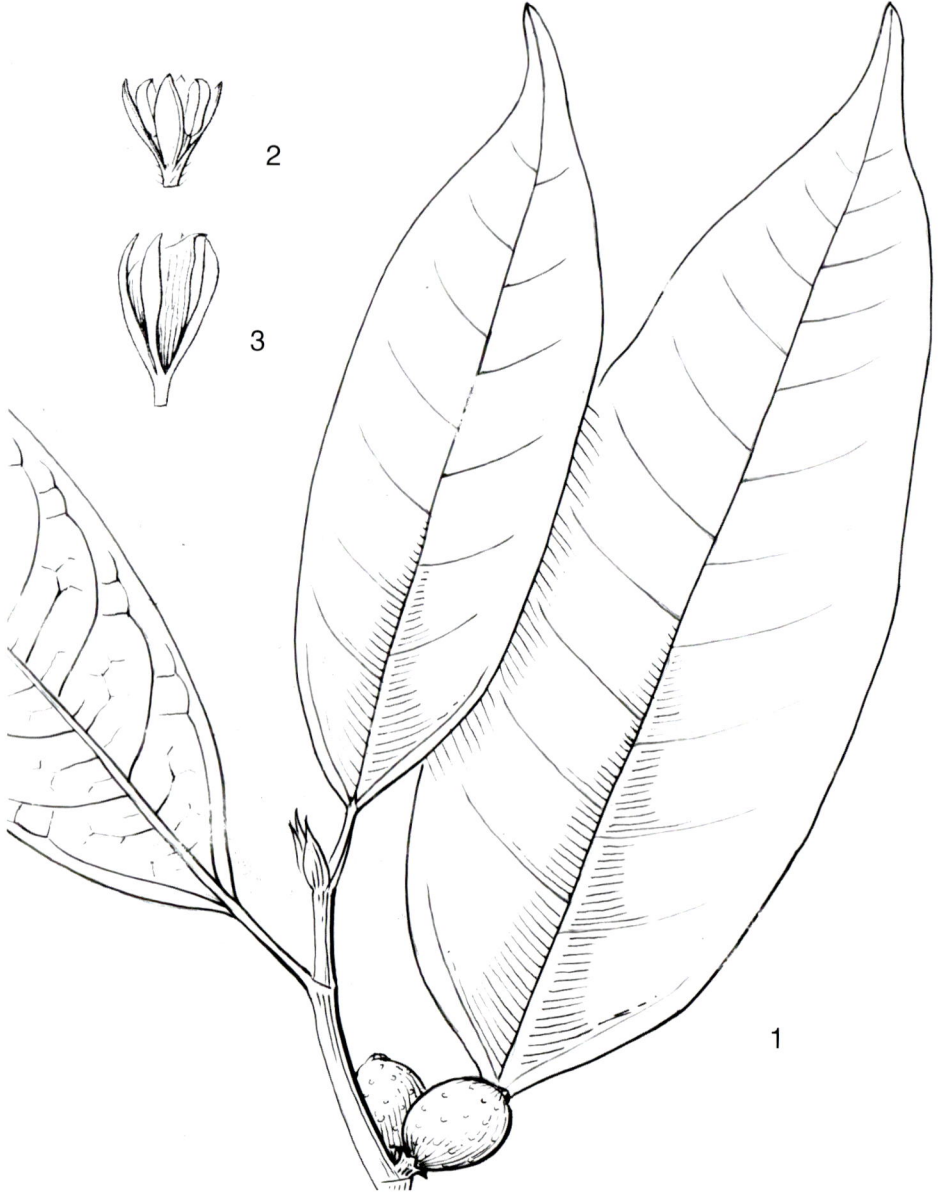

图版43 大果褐叶榕 *Ficus pubigera* （Wall. ex Miq.）Miq. var. *malifomis* （King）Corner：1.果枝，2.雄花，3.瘿花。（谢华绘）

41.薜荔 Ficus pumila Linn 凉粉子、木莲、凉粉果、冰粉子、鬼馒头、木馒头 图版44

攀援或匍匐灌木。叶二型，不结果枝上生不定根，叶卵状心形，长约2.5厘米，膜质，基部稍不对称，顶端渐尖，叶柄很短，结果枝上无不定根，叶厚纸质，卵状椭圆形，长5—10厘米，宽2—3.5厘米，先端急尖至钝形，基部圆形至浅心形，全缘，上面无毛，背面被黄色柔毛，基生脉三出，侧脉4—5对，在腹面下陷，背面凸起，网脉蜂窝状，甚明显；叶柄长5—10毫米；托叶2，披针形，被黄色丝状毛。榕果单生叶腋，大梨形成近球形，长3—6厘米，宽3—5厘米，顶部截平，略具短钝头或为脐状凸起，基部收缩成一短柄，基生苞片宿存，三角卵形，密被长柔毛，榕果幼时被黄色短柔毛，成熟时黄绿色或微红；果柄粗短；雄花生于内壁口部，多数，排为几行，有梗，花被片2—3，线形，雄蕊2枚，花丝短；瘿花具梗，花被片3，线形，花柱侧生，短；雌花生于另一植株榕果内壁，花梗长，花被片4—5。瘦果近球形，有黏液。

贵州产于西南部、中部、南部、东南部的石灰岩山坡上。我国西北、西南、华南、华东等偶有栽培。日本、印度有分布。

瘦果水洗可作凉粉；藤叶药用。

薜荔 *Ficus pumila* Linn 1.植株，2.果，3.果剖面，4.生境。谢华摄

图版44 薜荔 *Ficus pumila* Linn：1.果枝，2.不育枝，3.瘿花，4.雄花，5.叶背面。（张培英绘）

匍茎榕变种检索表

1. 顶生苞片不突起，基生苞片短；榕果近球形。

　2. 榕果大，背面网脉明显突起或略明显。

　　3. 叶背面网脉略明显，有或无褐色柔毛。

　　　4. 榕果近球形，直径1.5—2厘米，顶部微压扁，总梗长5—15毫米 ……………………
　　　　　……………………………… 42a. 匍茎榕 *F. sarmentosa* Buch. -Ham. ex J. E. Sm.

　　　4. 榕果球形。直径1—1.2厘米，顶生苞片微呈脐状突起，总梗长不超过5毫米 …………
　　　　　……………42b. 白背爬藤榕 *F. sarmentosa* var. *nipponica*（Fr. et Sav.）Corner

　　3. 叶背面网脉明显突起，被褐色柔毛。

　　　5. 榕果直径8—12毫米，有短总梗或近无梗，侧脉10—12对，叶柄长3—3.5厘米 …
　　　　　……………………… 43c. 长柄爬藤榕 *F. sarmentosa* var. *luducca*（Roxb.）Corner

　　　5. 榕果直径15—20毫米，无总梗；叶卵状椭圆形，侧脉6—8对，叶柄长1—1.2厘米
　　　　　……………… 42d. 大果爬藤榕 *F. sarmentosa* var. *duclouxii*（Lévl. et Vant.）Corner

　2. 榕果较小,球形，直径6—10毫米；叶背面绿白色，有或无毛。

　　　6. 叶背面近无毛，白绿色，干后变黄绿色，网脉较平；榕果直径5—9毫米，无毛
　　　　　或薄被柔毛…………………………………………………………………………………
　　　　　………… 42e. 尾尖爬藤榕 *F. sarmentosa* var. *lacrymans*（Lévl. et Vant.）Corner

　　　6. 叶背面幼时被短柔毛，灰白色，干后浅灰褐色，侧脉及网脉甚明显；榕果直径
　　　　　7—10毫米，幼时被微柔毛 ……………………………………………………………
　　　　　……………………………… 42f. 爬藤榕 *F. sarmentosa* var. *impressa*（Champ.）Corner

1. 顶生苞片直立，基生苞片较长；榕果圆锥形，无总梗或具短梗 …………………………
　…………………… 42g. 珍珠莲 *F. sarmentosa* var. *henryi*（King ex Oliv.）Corner

42a.匍茎榕 Ficus sarmentosa Buch. -Ham. ex J. E. Sm.　图版45：6—9

　　匍匐或攀援木质藤状灌木。小枝无毛，干后灰白色，具纵棱。叶排为二列，近革质，卵形至长椭圆状卵形，长8—12厘米，宽3—4厘米，先端急尖至渐尖，基部圆形或宽楔形，全缘，表面无毛，背面绿白色至黄色，疏被褐色柔毛，侧脉7—9对，表面平，背面凸起，网脉明显凸起成蜂窝状；叶柄长约1厘米，近无毛；托叶披针形，薄膜质，长8—10毫米。榕果成对或单生叶腋，球形或微扁，成熟紫黑色，直径1—1.5厘米，顶部微下陷，基生苞片3，卵圆形，长约3毫米，果柄长10—15毫米，榕果内壁散生刚毛，雄花和瘿花同生于一榕果内壁；雄花和不育花生于内壁近口部，具梗，花被片3—4，倒披针形，雄蕊2枚，花药有短尖，花丝极短；瘿花花被与雄花同数，子房球形，花柱近顶生，极短，浅漏斗形；雌花生于

另一植株榕果内，具梗，花被片3—4，匙形，子房倒卵圆形，花柱近顶生，柱头细长，瘦果卵椭圆形，外被黏膜一层。

贵州产于毕节、荔波、江口，生于海拔500—1400米山谷岩石上。西藏、重庆、四川、湖南、湖北、浙江、广西、广东、云南有分布。贵州有6个变种。

匍茎榕 *Ficus sarmentosa* Buch. -Ham. ex J. E. Sm. 莫家伟摄

42b. 白背爬藤榕 Ficus sarmentosa var. nipponica（Fr. et Sav.）Corner

天仙果、岩石榴　图版45：4—5

木质藤状灌木。当年生小枝浅褐色。榕果球形，直径1—2厘米，顶生苞片脐状凸起，基生苞片三角卵形，果柄长约5毫米。叶背面微被毛，侧脉8—10对；叶柄长约1厘米。

贵州产于兴义、安龙、梵净山等地，生于海拔500—1200米山地灌木丛中。

白背爬藤榕 *F. sarmentosa* var. *nipponica*
（Fr. et Sav.）Corner 杨成华摄

42c. 长柄爬藤榕 Ficus sarmentosa var. luducca（Roxb.）Corner

Ficus longepedata Lévl. et Vant.

攀援藤状灌木。幼枝近无毛，小枝皮孔明显。叶革质，长椭圆状披针形，长12—13厘米，宽4—5厘米，基生叶脉短，侧脉10—12对，表面绿色，背面黄褐色，网脉蜂窝状；叶柄长2.5—3.5厘米。榕果成对腋生，球形，直径7—12毫米，表面疏生瘤状凸起。

贵州产于兴义、兴仁、安龙、绥阳等地，生于海拔1000—1400米山坡岩石上。

42d. 大果爬藤榕 Ficus sarmentosa var. duclouxii（Lévl. et Vant.）Corner

象奶果、冰粉藤　图版46：1—4

Ficus duclouxii Lévl. et Vant.

大型攀援木质藤状灌木。嫩枝及幼叶密被白色或褐色柔毛。叶椭圆状卵形，长12—15厘米，成长叶两面近死毛，侧脉6—8对，先端短渐尖，基部圆形至宽楔形；叶柄长1—1.2厘米，粗壮。榕果球形，直径16—20毫米，表面疏生瘤状凸起，近无柄。

贵州产于威宁、安龙、赤水、罗甸、江口等地，生于海拔600—1600米石灰岩山坡灌木丛中。

42e. 尾尖爬藤榕 **Ficus sarmentosa** var. **lacrymans**（Lévl. et Vant.）Corner

泪滴珍珠莲　图版46：5—8

藤状攀援灌木。叶薄革质，披针卵形，长4—8厘米，宽2—2.5厘米，先端渐尖至尾尖，基部楔形，两面绿色，叶背光滑，干后绿白色至黄绿色，侧脉5—6对，网脉两面平；叶柄长约5毫米。榕果成对腋生或生于落叶枝叶腋，球形，直径6—7毫米，表面有白粉，果柄纤细，长3—5毫米。

贵州产于黔西南、黔东北、黔南、黔东南等地，多生于海拔600—900米石灰岩山地阴湿地区。

尾尖爬藤榕　*F. sarmentosa* var. *lacrymans*（Lévl. et Vant.）Corner　赵平摄

42f. 爬藤榕 **Ficus sarmentosa** var. **impressa**（Champ.）Corner　纽榕　图版45：10—12

Ficus martini Lévl. et Vant.

藤状爬行灌木。叶革质，披针形，长4—7厘米，宽1—2厘米，先端渐尖，基部圆形稍钝，表面绿色，无毛，背面灰白色或浅褐色，侧脉6—8对，表面平，背面凸起，网脉蜂窝状；叶柄长5—10毫米。榕果成对或成簇生于落叶枝叶腋或无叶枝上，球形，直径6—7毫米，表面光滑。

贵州各地均有，生于海拔900—1500米石灰岩山地。

42g. 珍珠莲 **Ficus sarmentosa** var. **henryi**（King ex Oliv.）Corner

凉粉树、冰粉树、岩石榴　图版45：1—3

Ficus henryi King et D. Oliver

木质藤状灌木。幼枝密被褐色柔毛。叶革质，卵形至椭圆状卵形，基生叶脉延长，表面无毛，背面密被褐色柔毛，网脉凸起，呈蜂窝状。榕果腋生，圆锥形，直径1—1.5厘米，被毛或密被褐色长柔毛，顶生苞片直立，基生苞片长约6毫米，无柄或具短柄。

贵州产于黔西南、黔东北、黔南、黔中及黔东南，生于山地灌木丛中。

瘦果（种子）水洗制成冰粉，为夏季解暑饮料。

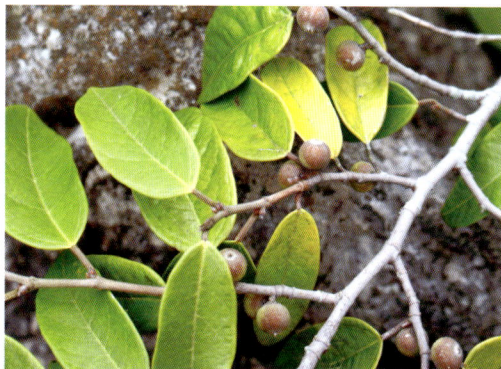

珍珠莲　*F. sarmentosa* var. *henryi*（King ex Oliv.）Corner　安明态摄

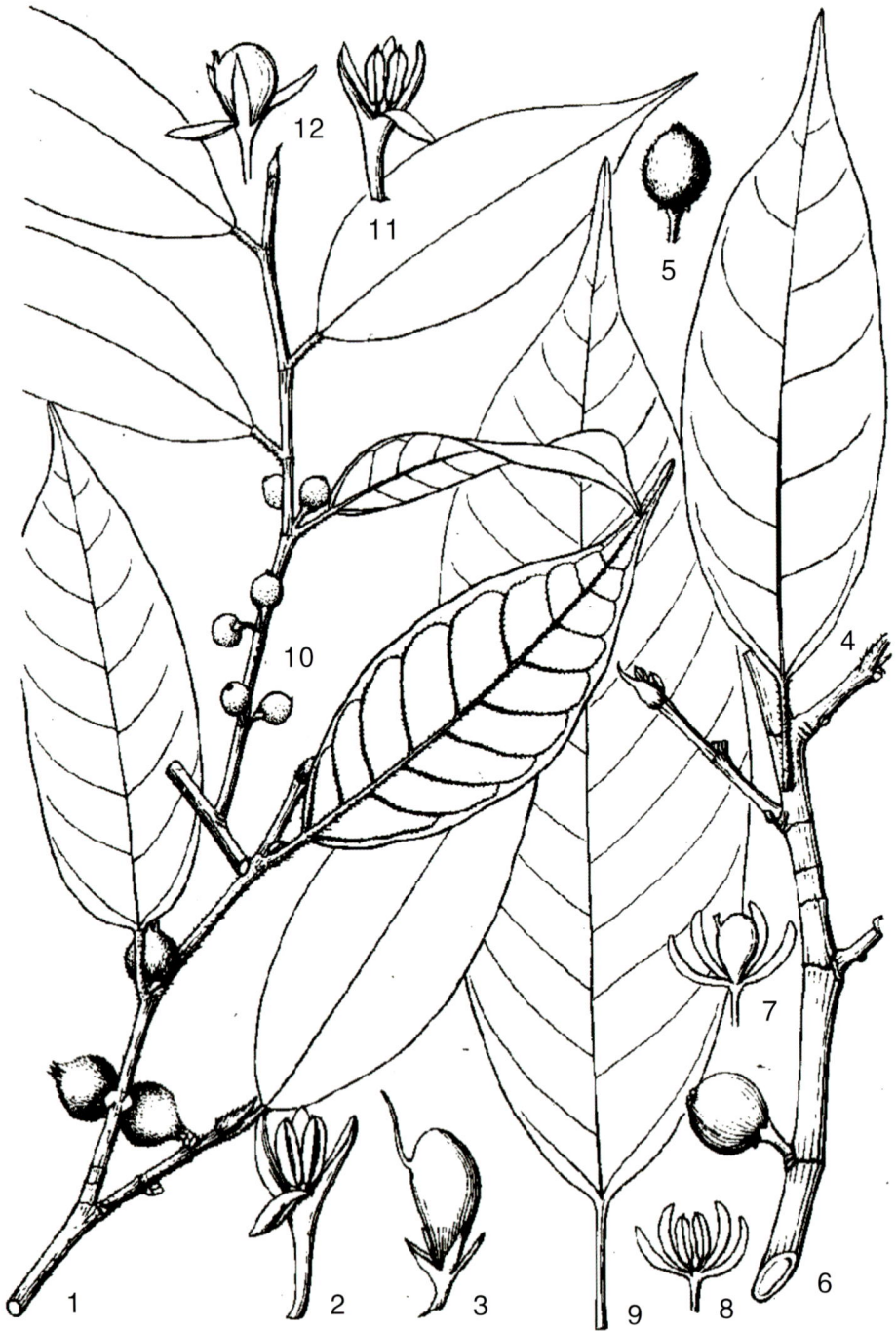

图版45 1—3. 珍珠莲 *Ficus sarmentosa* var. *henryi*（King ex Oliv.）Corner：1.果枝，2.雄花，3.雌花。4—5. 白背爬藤榕 *Ficus sarmentosa* var. *nipponica*（Fr. et Sav.）Corner：4.叶片，5.榕果。6—9. 匍茎榕 *Ficus sarmentosa* Buch. -Ham. ex J. E. Sm.：6.果枝，7.瘿花，8.雄花，9.叶片。10—12. 爬藤榕 *Ficus sarmentosa* var. *impressa*（Champ.）Corner：10.果枝，11.雄花，12.瘿花。（张培英绘）

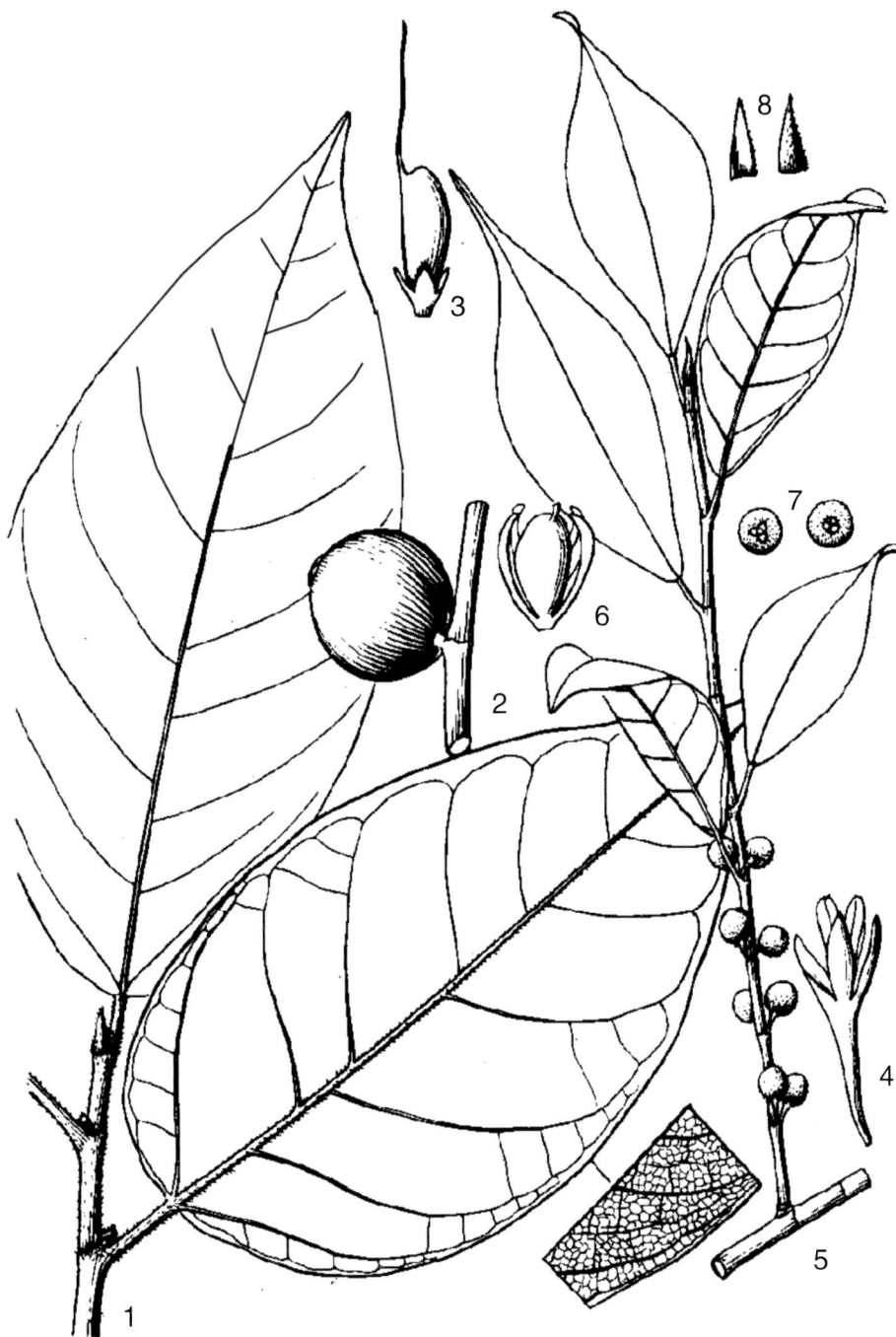

图版46　1—4.大果爬藤榕 *Ficus sarmentosa* var. *duclouxii*（Lévl. et Vant.）Corner：1. 叶枝，2. 榕果，3. 雌花，4.雄花。5—8.尾尖爬藤榕 *Ficus sarmentosa* var. *lacrymans*（Lévl. et Vant.）Corner：5. 果枝，6. 瘿花，7. 榕果顶部和基部，8. 托叶背腹面。（张培英绘）

43.贵州榕 **Ficus guizhouensis** S. S. Chang 图版47

Ficus guizhouensis S. S. Chang in Acta Phytotax. Sinica 20(1):96.1982.

藤状灌木，幼枝、叶柄密被短柔毛，叶排为2列，近革质，长圆形或椭圆状长圆形，长5—14厘米，宽2—5厘米，先端急尖或渐尖，基部楔形或微钝，表面叶脉下凹，背面凸起，全缘，表面绿色，粗糙，散生贴伏糙毛，背面浅绿色，密被褐色柔毛和疏生伏贴糙毛，成长脱落。侧脉4—5对，基脉延长至叶片1/2处；叶柄长1—1.5厘米，密被褐色糙毛；托叶披针形，膜质，长约5毫米。榕果成对腋生或单生，近球形，直径8—10毫米，幼时密被褐色柔毛，基生苞片三角状卵形，顶生苞片3，下陷，总梗长1—1.5毫米，密被褐色糙毛；雄花具柄，生于榕果近口部或散生，花被4，刚毛丰富，无石细胞，雄蕊2，花药椭圆形，长约1毫米，具短尖，花丝短，分离；瘿花长4毫米，花被4，下半部黄色，上部红色，子房长圆形，花柱短，侧生，柱头漏斗形；雌花无柄，花被4。瘦果光滑，椭圆形，长3毫米，花间有刚毛。花期4—5月，果期6—7月。

贵州（榕江，模式标本产地）、广西（大苗山）、云南东南部（西畴）有分布。生于海拔500—650米的石灰岩山地。

贵州榕 *Ficus guizhouensis* S. S. Chang 谢华摄

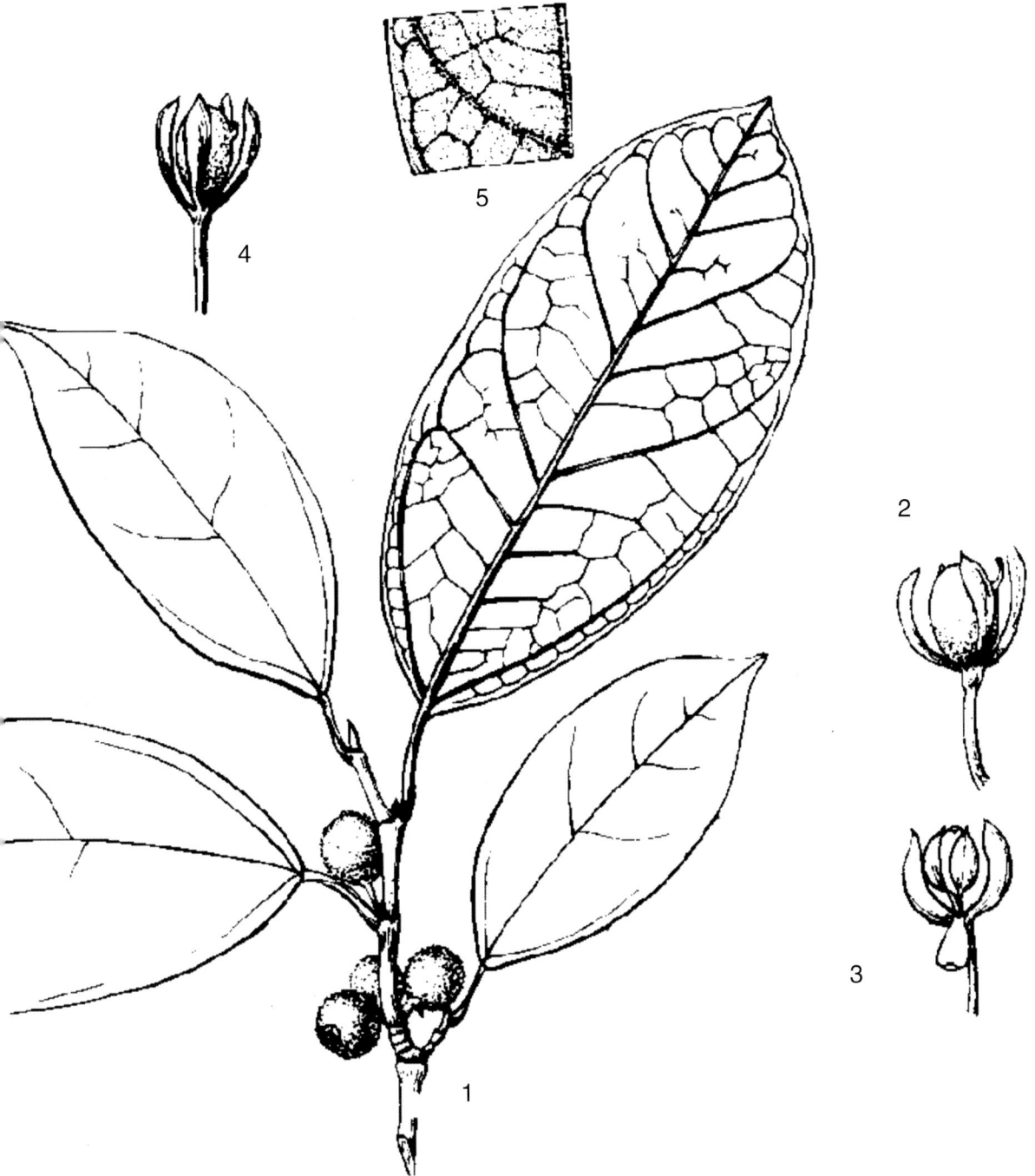

图版47 贵州榕 *Ficus guizhouensis* S. S. Chang.：1. 果枝，2. 雌花，3.雄花，4.瘿花，5.叶背面示毛。
（谢华绘）

三、大麻亚科 Subfam. CANNABIODEAE Enol.

直立草本或攀援草本。单叶，互生或对生，通常掌状分裂，边缘具锯齿，托叶宿存。花单性，雌雄异株，稀同株，花序腋生，雄花为圆锥花序，花被片5，覆瓦状排列，雄蕊5枚，在芽时直立，花药2室，纵裂，花丝极短，退化子房缺；雌花无柄，聚生成球果状穗状花序，每1或2花有宿存大苞片覆盖，花被膜质，包被子房，子房1室，无柄，花柱中生，柱头2裂，胚珠单生，悬垂。瘦果包藏于宿存花被内，种子有肉质胚乳，胚弯曲或呈螺旋状内卷。

全世界2属4种，原产北温带及亚热带等地区，美洲及热带地区也广泛栽培。我国2属4种均有，全国各地均产。贵州产2属3种。

本亚科绝大多数种类都是很有用的经济植物。茎皮纤维质好，为优良的纺织原料；种子含油；花有的可作啤酒原料，又可作药用。

（七）葎草属 Humulus Linn

一年生或多年生蔓生草本。茎缠绕，有倒生小钩刺。叶对生，有柄，掌状3—7裂。花雌雄异株，雄花集成圆锥花序，花被5裂，雄蕊5枚，直立；雌花2朵生于宿存苞片内，苞片覆瓦状排列，形成穗状花序，雌花有1苞片，花被片1，膜质，全缘，紧包子房，柱头2，线形。瘦果扁平，与宿存苞片共形成球果。

本属有3种，产北半球温带。我国有3种，其中贵州有2种。

1.葎草 Humulus scandens（Lour.）Merr. 勒草、葛勒子秧、拉拉藤、锯锯藤　图版48

一年生草本，长3—6米。叶掌状5—7裂，花枝下部叶常3裂，长6—9厘米，宽7—14厘米，基部心形，表面疏生硬毛和白色腺点，背面沿脉有硬毛。雄花序圆锥状，腋生或顶生，雄花小，花被片淡黄绿色，披针形，背面疏生硬毛和腺点，边缘有细纤毛，雄蕊短于花被；雌花序腋生，苞片卵状披针形，绿色，花被片灰白色，花柱红褐色。瘦果扁球形，褐红色。花期7—8月；果期9—10月。

贵州各地普遍生长，多生于海拔300—1300米的山坡、路旁荒地住宅附近。东北、华北、中南、西南等地常见。朝鲜、日本有分布。

葎草 *Humulus scandens*（Lour.）Merr. 谢华摄

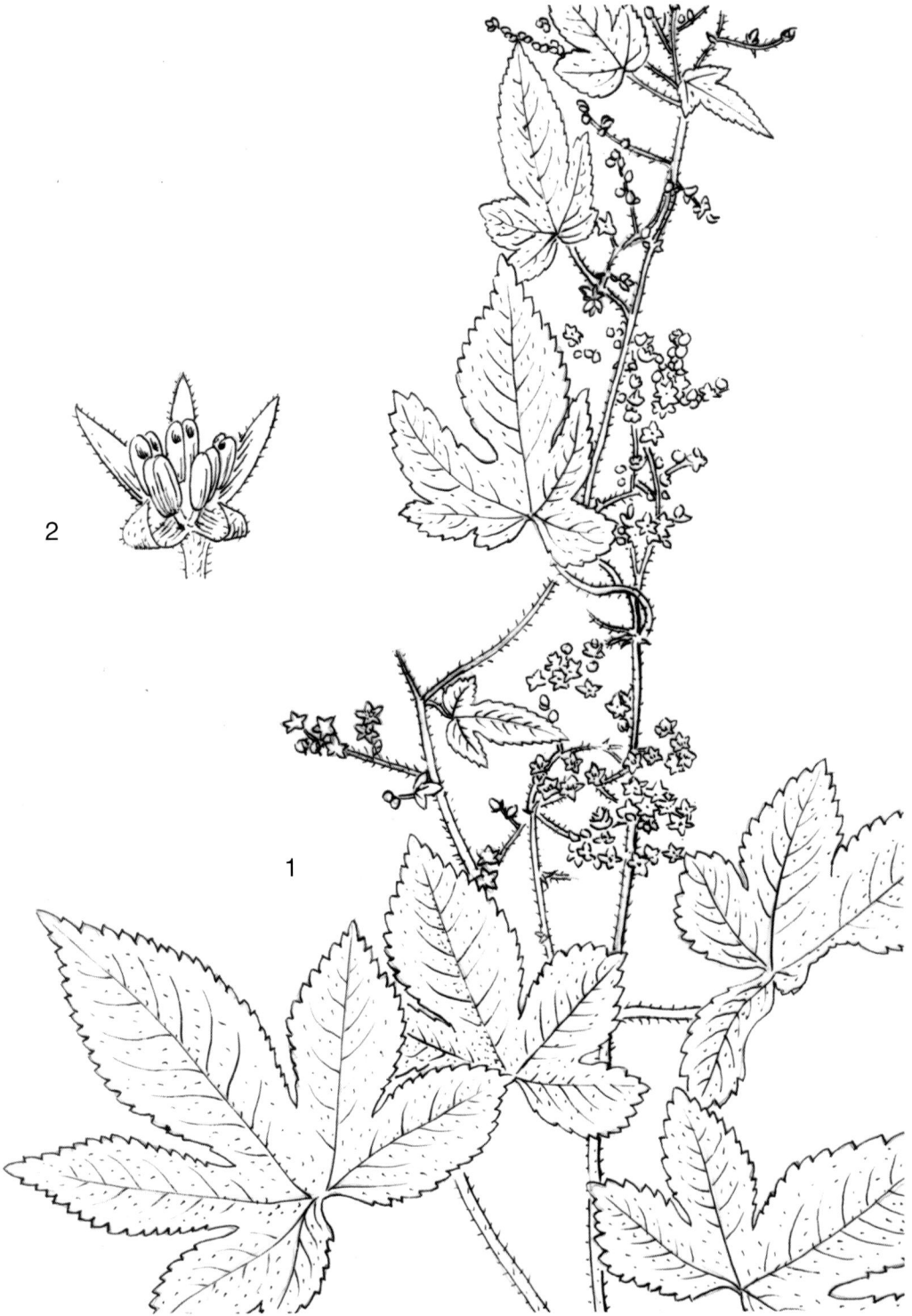

图版48 葎草 *Humulus scandens*（Lour.）Merr.：1. 花枝，2. 雌花。（谢华绘）

2.啤酒花 Humulus lupulus Linn

多年生草本，长达5米。茎粗糙，具小钩刺，密被卷曲柔毛。叶通常3裂，有时5—7裂，长宽5—13厘米，基部心形，边缘具粗锯齿，表面粗糙，密被短刺毛，背面脉上有短短刺毛，其余密生白色腺点；叶柄长4—8厘米，有钩刺。雄花序圆锥状，长10—20厘米，雄花花被片长圆形，黄褐色，两面密生长毛，雄蕊与花被等长或稍短，花丝短或长，花梗有2小苞片；雌花序椭圆形或椭圆柱状，长1.5—2厘米。总花梗长1.5—2厘米，苞片卵状披针形，黄色，内面基部有黄色透明腺体，每苞片内有花2朵；雌花有苞片1枚，包围雄花，成熟时苞片增大，膜质，基部有深黄色透明腺体。瘦果球形，有腺体。花期7月，果期8—9月。

贵阳栽培作药用。河北、山西、陕西有分布。

啤酒花 *Humulus lupulus* Linn　刘演摄

（八）大麻属 Cannabis Linn

一年生草本。茎皮纤维韧性强。叶互生，掌状分裂。花雌雄异株，少有同株，雄花成圆锥花序，花被片5，覆瓦状排列，雄蕊5枚，在芽中直立；雌花单生于苞片内，组成短小头状或穗状花序，花被片1，与子房紧贴，花柱2个。果为瘦果，略扁，生于宿存苞片内。

本属只1种，产中亚。我国各地有栽培。

1.大麻 **Cannabis sativa** Linn　山丝苗、线麻、胡麻、野麻、火麻

直立草本，有特殊气味，茎高1—2.5米。枝有纵沟，灰绿色，密生柔毛。叶互生或于下部对生，掌状全裂，3—7裂或更多，裂片披针形或线状披针形，长7—15厘米，先端渐尖，基部渐狭，边缘具锯齿，表面深绿色，有毛，背面浅绿色，密被毛；叶柄长4—13厘米。雄花黄绿色，有糙毛，花被片长卵形，花丝短，药纵裂；雌花序短，生于叶腋，穗状；花绿色。瘦果扁球形。花期4—5月；果期6—7月。

原产中亚。贵州各地均有栽培。我国其他各地也有栽培。

茎皮纤维韧性极强，可供纺织，制绳索用，种子含油可作食用油，又可入药或工业用，叶和花也作药用。

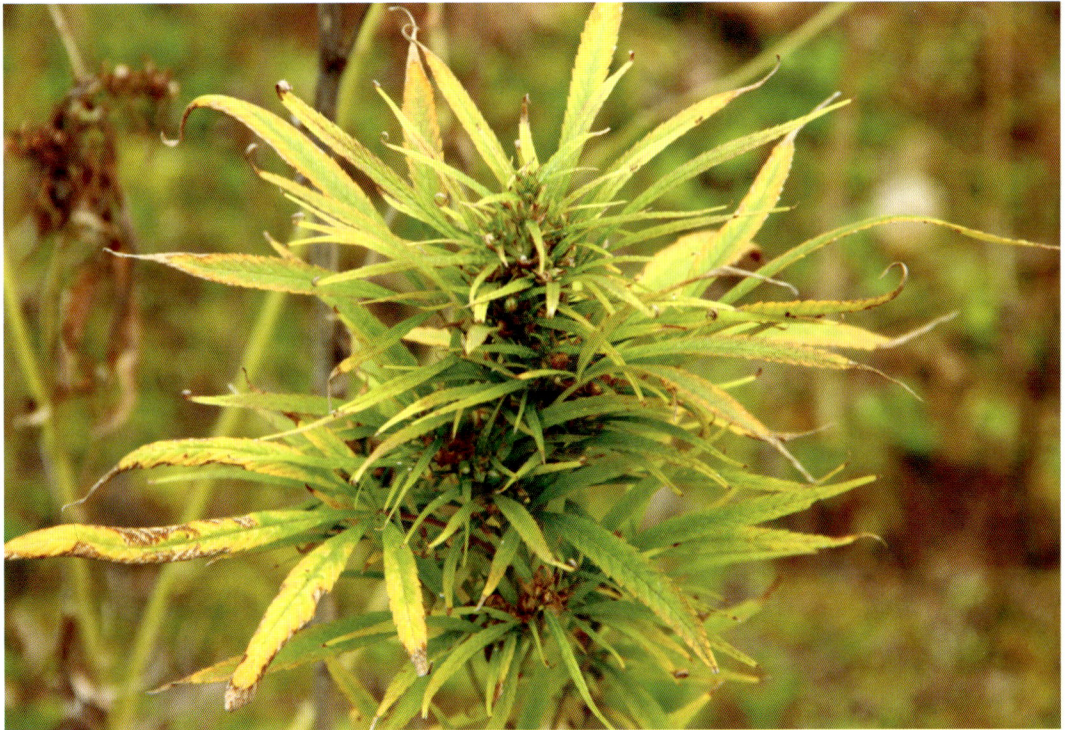

大麻 *Cannabis sativa* Linn　张久磊　摄

第三章

桑科 Moraceae 植物的利用与研究现状

桑科植物具有很高的经济价值，是重要的药用植物资源，有关桑科植物的研究引起了国内外的广泛重视，开展桑科植物药用价值方面的研究具有重要的理论意义，同时也具有很好的实际应用价值。

我国幅员辽阔，气候复杂，生态条件多样，桑科植物分布遍及全国，即使在"世界屋脊"的青藏高原上，也发现有1650年树龄的古桑。但是，真正被开发利用和栽培的地区集中在浙江、江苏、四川、山东、重庆、广东等省市。近几年来，山东、安徽、广西、江西蚕桑业发展很迅速。此外，湖北、湖南、福建、云南等南方省区和陕西、山西、河北、河南、辽宁、吉林、甘肃、新疆等北方省区蚕桑生产也有较大发展。相较而言，贵州省桑科植物的发展较为滞后，桑科植物开发利用价值还没有得到足够重视，尤其是桑科植物的药用功能没能得到充分开发，造成这一宝贵药用资源的浪费。长期以来，在贵州省甚至全国对桑科植物的药用价值都没能引起足够重视，其仅在民间作为偏方、秘方使用，没有形成一定的产业和规模，这在一定程度上浪费了资源，没有体现出桑科药用植物应有的价值。

经许多研究证明，桑科植物中的大多数种都是良好的药材，具有抗菌、抗炎、抗氧化，甚至具有抗肿瘤细胞的功效，对桑科植物的药用价值进行深度开发发展潜力巨大。例如，桑属有很强的药理活性，有抗高血压、抗菌、抗氧化、抗病原微生物、抗病毒、降血糖以及抗癌等作用。其中桑树全身均是药材，最早在《神农本草经》中即有记载，历代医家均有论述。现在桑树的叶、根皮、嫩枝、果实也已作为传统药材被《中华人民共和国药典》收录，其在治疗心血管、肝、脾疾病方面都有着良好的疗效；构属多数叶及果实均可药用，有抗菌、抗氧化、抗炎、镇痛、抗血小板凝聚、抗癌等活性，常用于治疗糖尿病、心血管疾病；菠萝蜜属的多数品种根及茎在我国及东南亚等地均被作为传统民间用药，具有抗炎、解毒及保肝的功效，用来治疗疟疾、痢疾、肺结核、风湿病、高血压、糖尿病以及肝硬化等症；榕属常以叶、根作药用，例如小叶榕的叶对治疗心血管疾病、抗炎、抑菌等方面都有显著的效果，主治流行性感冒、支气管炎、百日咳。黄葛树的叶有祛风通络、止痒敛疮、活血消肿的功效，根及树皮则祛风除湿，痛经活络，可治风湿痹痛、四肢麻木、跌打损伤等症；葎草属中的葎草有抗菌活性，能清热解毒，利尿通淋，主治肺热咳嗽、肺痈、虚热烦渴、热淋、水肿、小便不利、湿热泻痢、热毒疮疡、皮肤瘙痒。葎草中的啤酒花则有抗菌、抗病毒、抗肿瘤、抗氧化及镇静的活性，常用于治肺结核、痢疾、胃肠炎、中暑吐泻、小便不利、淋症、小儿疳积、小儿腹泻、痔疮出血、瘰疬、痈疽、蛇蝎伤；大麻属中的大麻其种子、根、花、叶均可药用，有镇痛作用，可用于治疗青光眼、恶性神经胶质瘤，促进食欲、抗恶体质功效。

鉴于桑科植物广泛的药用价值，应深入研究桑科植物资源的特性，利用现代生物技术手段进行新用途和新产品的开发，变资源优势为产业优势，做大市场，做强产品。如果桑科这些药用植物能被深度开发，从中提取有效植物成分，一方面使药材的药效加强，治疗效果更加显著，为人们健康带来福音，另一方面也能带动地方种植产业、深加工产业的发展，极大地推动本地经济的发展，使其成为新的经济增长点。

除了药用价值外，桑科植物还有许多其他的多种用途。例如大多数桑科植物均是良种木材原料，其茎枝韧皮纤维可以利用，作人造棉、造纸、绳索等原料，树木材质轻软，纹理粗，可做器具、家具。此外，本科植物因具有强大的抗污染能力，在环境保护和治理中能得到广泛运用，据测定在化工厂污染区，一公斤榕树干叶58天可吸硫64克，吸氯247克。桑科药用植物中有许多种类还具有食用的价值，如无花果、薜荔、粗叶榕、榕树等。榕果味甜可食用，其中含有丰富的矿质元素和维生素C以及人体必需的多种氨基酸；榕树的嫩叶、嫩枝也含有丰富的矿物质、维生素及较高的钙和铁。无花果则已开发出系列食品，如干果、蜜饯或罐头，其含葡萄糖及胃汁素丰富，有助消化、清热润肠的功效。综上可见，桑科植物具有十分广泛的利用价值，加强桑科植物的研究开发，是市场广阔、前景喜人的新兴产业。

目前除栽培的桑、无花果、印度胶树外，其余桑科植物的开发利用很少。野生种质资源的保护不容忽视，种源破坏严重不利于产业化，也不利于发展龙头企业。应注意适时引进资金和技术逐步建立起本地的植物资源开发生产厂家，并以此来推动本地区的经济和社会的发展，应引起社会各方的高度重视。当然，开发应与基础理论研究和保护并重，基础研究是药用植物资源深度开发的前提，而加强保护、走可持续发展之路，则是将资源优势转变为经济优势的保证。因此开发利用要在保护资源的前提下进行，在开发利用前要对资源的现状、存有量、可利用量以及物种的多样性、可持续发展进行初步研究，消除掠夺式的生产行为，维持物种多样性，加强人工栽培能力，实现野生桑科植物的合理利用。同时建议桑科植物资源的开发以高附加值产业生产为突破口，以高效益骨干加工企业为龙头，带动科研、生产、加工、供销的全面繁荣，实现规模化和产业化开发。

一、桑属 **Morus** Linn

桑属植物在我国国民经济中价值很高。如桑叶为家蚕主要饲料；果实鲜甜，可食用或酿酒，或榨取其汁作饮料；桑树的各部位可供药用；同时桑属植物木材材质坚韧，纹理通直、细致，色泽淡褐美观，可以作为家具、农具、造船等工艺用材；茎及树皮的纤维可为造纸原料，也可用于提取桑色素。有研究证明，桑属植物还具有较强的药理活性，如具有抗高血压、抗菌、抗氧化、抗病原微生物、抗病毒、降血糖以及抗癌等作用。

1.桑 *Morus alba* Linn

【药用部位】叶、根皮、嫩枝、果实。

【采收加工】叶：霜降后采收，除去杂质，晒干。根皮：秋末叶落时至次春发芽前采挖根部，刮去黄棕色粗皮，纵向剖开，剥取根皮，晒干。嫩枝：春末夏初采收，去叶，晒干，或趁鲜切片，晒干。果实：4—6月果穗变红时采收，晒干，或略蒸后晒干。

【化学成分】叶含有黄酮类、生物碱类、多糖类、植物甾醇类、挥发油类、氨基酸、维生素及微量元素等多种活性化学成分。根皮含黄酮类、呋喃类、香豆素类、萜类、甾醇类、糖类及挥发油等。桑枝所含主要化学成分有黄酮类化合物、生物碱、多糖和香豆精类化合物。果含有氨基酸、有机酸、挥发油及多种维生素等。

【功能主治】叶：性味甘、苦，寒。疏风清热，清肝明目。主治风热感冒、目赤、咽喉肿痛等。根皮：性味甘，寒。泻肺平喘，利水消肿。主治肺热喘咳、面目浮肿、小便不利、高血压、糖尿病、跌打损伤等。嫩枝：性味微苦，平。祛风清热，通络。主治风湿性关节炎、风热臂痛。果实：性味甘、酸，寒。滋补肝肾，养血祛风。主治须发早白、神经衰弱等。

【药理作用】桑具有多种药用价值和利用功能。它是传统中医药药材，对治疗心血管、肝、脾疾病方面都有着良好的疗效。如桑叶能改善高血压、高血脂导致的大鼠动脉粥样硬化以及促进改善血管的功能紊乱，同时也能明显提高人体免疫力。有研究表明从桑树根部表皮提取出来具有良好抗氧化作用的新皂苷类化合物，以及具有降血糖作用的化合物。有学者发现桑树果实对患高血脂大鼠有降血脂和抗氧化作用。同时，桑叶乳汁可用来治痈疖、瘿瘤、外伤出血及蜈蚣咬伤等；桑皮乳汁可治疮和外伤出血。除了药用外，桑也应用在其他方面，有学者发现以桑（*Morus alba* Linn）叶、菊花（*Flos Chrysanthemi*）和优质奶粉为原料，配以蔗糖，可发酵生产天然新型保健型酸奶。此外，泰国还因为桑树的提取物对皮肤具有增白效果，将其作为一种新的增白剂。

【其他用途】树皮纤维柔细，可作纺织原料、造纸原料；根皮、叶、果实及枝条入药。叶为养蚕的主要饲料，可作土农药。木材坚硬，可制家俱、乐器、雕刻等。桑椹可以酿酒，称桑子酒，也可加工成其他副食品，如桑椹露、桑椹酱等。

2.长穗桑 *Morus wittiorum* Hand.-Mazz.

【药用部位】根、枝、叶、果实。

【采收加工】全年可采。

【化学成分】含呋喃类、黄酮类、苯乙烯类化合物，具体有槲皮素、norartocarpanone、二氢山奈酚、euchrenone a、morachalcone A、白藜芦醇、高白藜芦醇等。

【功能主治】同桑白皮，泻肺平喘，利水消肿。主治肺热喘咳、面目浮肿、小便不利、高血压、糖尿病、跌打损伤等。白色乳汁可治小儿口疮和止血，枝可治身面水肿、坐卧不得。

【药理作用】长穗桑的茎皮中富含的酚类化合物具有显著的抗氧化、抗炎活性，并有能抑制人卵巢癌细胞和人胃癌细胞毒性活性的化学成分。

【其他用途】韧皮纤维可以造纸或作绳索；嫩叶可以饲蚕。

3.蒙桑 *Morus mongolica* Schneid.

【药用部位】根皮。

【采收加工】春秋季采挖，剥取根皮，刮去外皮，切片晒干。

【化学成分】l-脱氧野尻霉素、Fagomine、肌醇C、moracin umbelliferone、M3-O-β-D-glucopyranoside、scopoletin和胡萝卜苷等。

【功能主治】泻肺平喘，利水消肿。主治肺热喘咳、面目浮肿、小便不利、高血压、糖尿病、跌打损伤。

【药理活性】Kang等（2005）从蒙桑茎和根部表皮分离出的化合物有较强的抗炎活性，对PAF致炎大鼠浓度在5—10摩尔/升时抑制率达到80.4%，同时蒙桑还有一定的抗氧化活性，同样浓度下抑制率也高达83.6%。Kang等（2006）利用抗氧化活性进行筛选，从蒙桑茎皮中分离得到6个Diels-Alder型化合物，其中化合物桑呋喃J(mulberrofuran J)、桑呋喃Q(mulberrofuran Q)具有较强的抗氧化活性。Kang等（2006）发现，蒙桑内的黄酮类化合物具有抗菌、抗炎活性，作为一种抗菌、抗炎药物，其发展潜力巨大。Shi等(2001)发现，从蒙桑内能提取出某些黄酮类化合物，它具有对抗人的口腔肿瘤细胞作用，此作用比对抗人类成龈纤维细胞的作用更强。

【其他用途】茎皮纤维是高级造纸原料，脱胶后作混纺和单纺原料，果实可酿酒。

4.鸡桑 *Morus australis* Poir.

【药用部位】根、叶。

【采收加工】叶：夏季采收，鲜用或晒干。根皮：秋冬季采挖，趁鲜时刮去栓皮，洗净，或剥取白皮，晒干。

【化学成分】白桑酚B、桑根酮 C、异甘草黄酮醇、羟基藜芦酚、3, 3′, 4, 5′-四羟基二苯乙烯、白藜芦醇、二氢桑色素、2, 3′, 4-三羟基二苯乙烷、槲皮素、山奈酚。

【功能主治】清肺，凉血，利湿。主治肺热咳嗽、鼻衄、水肿、腹泻、黄疸。

【药理作用】中华本草中记载鸡桑为传统中药，树皮、枝、叶、果实均可入药，具有降压、抗菌、利尿、镇静等作用。Kang等（2005）的研究表明，长期服用鸡桑提取物对自发性高血压大鼠（SHR）有降压作用，其作用机制可能是直接舒张血管、负性肌力及抗氧化。张庆建等（2007）还对鸡桑中的化学成分进行分析，并筛选出鸡桑中的某些成分能明显抑制脂质过氧化产物的生产，具有抗氧化活性。其中，异甘草黄酮醇、羟基藜芦酚等成分表现出对癌细胞生长的抑制作用，显示其具有一定的抗癌作用。

【其他用途】茎皮纤维可造纸或制人造棉；果实味酸甜，可生吃或酿酒、制醋；叶亦可饲蚕；种子油可制肥皂和润滑油。此外，也可作庭荫树。

二、构属 Broussonetia L´Hert. ex Vent.

1.构树 *Broussonetia papyrifera* （Linn）L´Hér. ex Vent.

【药用部位】乳液、根皮、茎皮、叶、果实及种子入药。

【采收加工】夏秋采乳液、叶、果实及种子；冬春采根皮、树皮，鲜用或阴干。果实：秋季变红时采摘，除去灰白色膜状宿萼与杂质，晒干。叶：春夏季采收，晒干或阴干。

【化学成分】果实含皂苷，维生素B及油脂；种子含挥发油；茎皮含楮树黄酮醇A、B（broussoflavonol A、B），小构树醇A、B（kazinol A、B），三萜类，甾体化合物等；根皮含楮树黄酮醇C、D；叶含黄酮苷，酚类，有机酸等。

【功能主治】果实：滋阴益胃，清肝明目，健脾利水。主治肾虚腰膝酸软、阳痿、目昏花、水肿等。茎皮：利水止血。主治小便不利、便血等。根皮：凉血散瘀，清热利湿。主治崩漏、铁打损伤等。叶：凉血止血，利尿解毒。主治吐血、毒疮等。乳液：利水消肿解毒，治水肿癣疾，蛇、虫、蜂、蝎、狗咬。

【药理作用】

（1）抗菌活性

Sohn 等（2004）从构树根表皮分离出的某些黄酮类成分对病原菌和真菌具有广泛的抗菌活性。其中PapA成分可作为一种治疗真菌感染的新药。

（2）抗氧化活性

Zhou等（2010）发现构树果实醇提物能抑制双氧水诱导SY5Y细胞受损，显示出抗氧化活性。Xu等（2010）研究发现构树的根、果、叶、茎都显示出抗氧化、止疼、抗酪氨酸酶、抗炎、抗血小板等生物活性。其中树皮的抗氧化活性优于木质部，可以作为一种功能食品的潜在自然来源。Mei等（2009）从果实中分离得到了一些具有较强抗氧化活性的化合物。Tsai等（2009）发现构树在过氧化氢诱导人神经细胞瘤SH-SY5Y细胞的氧化应激实验中显示出较强的抗氧化活性，构属的根、叶部位抗氧化活性最强，它的这种清除自由基的作用也许与其总酚类化合物有关。Wang 等（2005）发现构树叶中总黄酮对受紫外线照射引起人角质形成细胞的氧化损伤有防护效果。

（3）抗炎、镇痛作用

Lin 等（1996）发现构树根、叶、果对啮齿动物均显示出止疼和抗炎活性。其中根的活性最强，它的抗炎活性与抑制一氧化氮血管渗透率有一定关系。Kwak等（2003）从构树提取出的新黄酮醇化合物对皮肤过敏反应有抑制作用，并且还能抑制磷脂酶A2分泌，其有望发展成为新抗炎药。刘金珠等（2010）报道构树皮乳汁利尿消肿、祛风湿，用于水肿、筋骨酸痛，外用可治神经性皮炎及癣症。

（4）有抗血小板凝聚作用

Lin等（1996）发现，构树的根皮分离得到的黄酮类化合物能强烈抑制由花生四烯酸引起的血小板凝聚，这种抑制作用与阿斯匹林相当。

（5）抗癌作用

Lee等（2001）发现从健康构树的根皮中分离得到的构树宁碱A、异偕查耳酮和脱甲基桑辛素等具有不同程度的抑制芳香化酶的活性，显示这些化合物可能具有治疗乳腺癌、前列腺癌的作用。Lee 等(2001)的研究揭示构树的乙酸乙酯提取物对芳香化酶有显著的抑制作用，可作为一种新的芳香化酶抑制剂，以期用于乳癌内分泌治疗。

（6）治疗糖尿病

Chen 等(2002)从构树根部提取的化合物对蛋白质酪氨酸酯酶1B具有明显的抑制作用，通过抑制PTP1B可增加胰岛素和瘦蛋白（leptin）的活性，为2型糖尿病、肥胖的治疗带来了光明前景。

（7）心血管疾病

Ko 等(1997)从构树根皮分离得到的化合物Broussoau- rone A、 Broussoflavan A、Broussflavonol C和Broussflavonol G具有强烈抑制Fe^{2+}引起的小鼠脑匀浆类脂氧化作用，其中Broussoflavan A、Broussflavonol G和Broussflavonol C还能抑制小鼠血管平滑肌增殖，这些作用强度随化合物浓度的增大而增大，显示这些化合物具有治疗动脉粥样硬化和心血管疾病的作用。

（8）其他药理作用

研究发现构树液对正常小鼠的学习和记忆功能有显著的促进作用。Jiang 等(1997)从构树根皮中分离得到一种能够抑制酪氨酸酶的活性物质，这种物质能达到美白肌肤的作用。

【其他用途】树皮纤维长而柔软，为造纸的高级原料；叶蛋白质含量丰富，为很好的猪饲料。果实酸甜，可食用。种子油可供工业用油或制成肥皂；构树能抗二氧化硫、氟化氢和氯气等有毒气体，可作大气污染严重的工矿区绿化树种或行道树，亦可选做庭荫树及防护林用。

2.蔓构 *Broussonetia kaempferi* Sieb. var. *australis* Suzuki

【药用部位】嫩枝叶、树汁、根皮。

【采收加工】春、夏季采收，晒干或阴干。

【功能主治】祛风除湿，散瘀消肿。主治风湿痹痛、泄泻、痢疾、黄疸、浮肿、痈疖、跌打损伤。

三、波罗蜜属 Artocarpus J. R. et G. Forst

该属多数品种的根和茎在印度尼西亚、泰国、斯里兰卡、台湾等国家和地区被作为传统民间用药，具有抗炎、解毒及保肝的功效，用来治疗疟疾、痢疾、肺结核、风湿病、高血压、糖尿病以及肝硬化等症。

1.胭脂 *Artocarpus tonkinensis* A. Chev. ex Gagnep.

【药用部位】叶、根皮。

【药理作用】胭脂的叶子和根皮的水煎液在德国民间被用来治疗背痛和风湿病。但迄今为止，除对胭脂有少量化学成分和免疫抑制活性成分的报道外，国内外对其化学及生物活性均未进行深入研究。Ma 等 (2010) 从胭脂根部提取到两种新的黄酮类化合物，它们能杀伤肝癌细胞株（SMMC-7721）和胃癌细胞株（BGC-823和SGC-7901）。Dang 等 (2009) 从胭脂树叶中提取到一种黄酮类化合物，有较强的抗炎活性，它能通过抑制T细胞的增殖从而改善实验大鼠的关节炎病症。Ngoc 等 (2005) 的研究表明，胭脂的叶和根的乙酸乙酯提取物在抑制诱导大鼠关节炎实验中显示出较强的抗炎活性。有人从胭脂的叶中提取出化合物 Maesopsin 4-O-beta-D-Glucoside，它对急性髓细胞性白血病有抑制作用。

【其他用途】可作染料，又因其木材坚硬，为良好硬木，供建筑和家居等用材，果实味甜可食。

四、柘属 Cudrania Trec.

茎皮纤维可以造纸；木材或作黄色染料；叶可以养蚕；有些种类的聚合果，成熟时可供生食或酿酒。

1.柘树 *Cudrania tricuspidata*（Carr.）Bur. ex Lavallee

【入药部位】根皮。

【化学成分】主要有氧杂蒽酮、黄酮、异黄酮、二苯酮，此外还有生物碱、木脂素、糖类等化合物。

【功能主治】根皮入药，主治止咳化痰、祛风利湿、散淤止痛。用法：① 急性无黄疸型肝炎：鲜柘树根60克，兖州卷柏30克，水煎服。② 慢性肝炎：柘树根30—60克，地耳草12克，勾儿茶45克，水煎服。③ 肺结核：柘树根60克，十大功劳30克，百部15克，水煎服。④ 腰痛：鲜柘树根皮120克，酒炒，水煎服。⑤ 咯血、呕血：柘树根皮30—60克，炒焦，水煎，冲冰糖服。⑥ 跌打损伤：柘树根皮9—15克，水酒煎服，外用鲜根皮捣烂调酒敷；或柘树果实研粉，黄酒送服，每次1匙，每日2次，连服6日。

【药理作用】柘树中的黄酮类化合物对对人胃癌细胞株、人肺癌细胞株及小鼠淋巴细胞白血病细胞株有明显的抑制效果，半数抑制浓度IC_{50}分别为6.11、12.20和12.73微克/毫升，显示其有抗肿瘤活性。柘树茎乙醇提取液在小鼠急、慢性炎症模型及醋酸、热板致痛模型显示出较强的抑制作用，表明其有抗炎镇痛的作用。Cha 等（1999）对柘树的叶、茎、根、果实的水提物进行抗氧化实验，结果表明茎的水提物作用最强，同时研究表明柘树果实含的多酚化合物最多。吕强等（1980）在抗结核药物筛选中发现，柘树根的乙醇提取物有较好的抗结核作用。刘福海（1979）等以新鲜柘树根皮为主要药材，做成外用膏药治疗稳定性骨折，痊愈率为88.9%，疗效满意。

【其他用途】茎皮是很好的造纸原料，也可为混纺原料；木材为黄色染料，质坚硬细致，可制家具等；叶饲蚕；果食用和酿酒。柘树叶秀果丽，适应性强，可在公园的边角、背阴处、街头作庭荫树或刺篱。繁殖容易，经济用途广泛，是风景区绿化荒滩保持水土的先锋树种。

2.构棘 Curdrania cochinchinensis（Lour.）Kudo et Masam.

【药用部位】根。

【采收加工】全年可采，除去泥土和须根，切片，鲜用或晒干。

【化学成分】含柘树异黄酮A（cudraisioflavone）A，3′-O-甲基香豌豆苷元（3′-O-methylorobol），去氢木香内酯（dehydrocostus lactone），亚油酸甲酯（methyllinoleate），β-谷甾醇（β-sitosterol）。

【功能主治】是中药穿破石的药材基源。穿破石以根入药，味淡微苦，性凉，有较好的抗结核菌作用。止咳化痰，祛风利湿，散瘀止痛。主治肺结核、黄疸型肝炎、肝脾肿大、胃及十二指肠溃疡、风湿性腰腿痛；外用治骨折、跌打损伤。产地民间常用其根捣敷治跌打损伤，或晒干切片治疗肺结核、肝硬化腹水、急性黄疸型肝炎、风湿性腰腿痛和胃、十二指肠溃疡等病症，效果颇为显著。民间草医亦认为是滋阴补肺利肝之品，具止咳化痰、除湿去郁之效。

【药理作用】柘木根乙醇提取物有较好的抗结核菌作用。试管中，采用改良苏通半流体琼脂培养基，接种强毒人型结核菌（H37RV），其最低抑菌浓度为 6.3—12.5微克/毫升。体内抗菌试验表明，给感染结核菌小鼠第2日开始给予柘木注射液1.5克/只，每日1次，至对照组半数动物死亡时停药，可显著延长感染小鼠的半数存活时间。

【其他用途】本种在农村常作绿篱用；木材煮汁可作黄色染料，茎皮及根皮药用，称"黄龙脱壳"。成熟果实可作生食或糖渍；木材煎汁可作黄色染料。

五、榕属 **Ficus** Linn

本属植物的韧皮纤维可作麻类代用品；有些种类的榕果可食用或药用；果或根可作药用；木材可作工艺用具，许多种为紫胶虫良好的寄主树。

1.黄葛树 *Ficus virens* Ait.

【入药部位】树皮、根、叶。

【采收加工】叶：夏秋季采收，鲜用。树皮、根：全年均可采，晒干。

【功能主治】叶：祛风通络，止痒敛疮，活血消肿。主治筋骨疼痛、迎风流泪、皮肤瘙痒、臁疮、跌打损伤、骨折。根、树皮：祛风除湿，痛经活络，消肿，杀虫。主治风湿痹痛、四肢麻木、半身不遂、劳伤腰痛、跌打损伤、水肿、疥癣。

【药理作用】以老树皮、根皮、叶入药，有祛风湿、活血、接骨功效。治风湿、骨折、半身不遂、筋骨疼痛、皮肤瘙痒。

【其他用途】常用为庭荫树、行道树园景树、防护树，为良好的蔽荫树种；木材可供雕刻。

2.披针叶黄葛树 *Ficus virens* Ait. var. *sublanceolata*（Miq.）Corner

【应用状况】本种为良好蔽荫树种及水土保持植物；木材纹理美丽，可供雕刻。

3.小叶榕 *Ficus concinna*（Miq.）Miq.

【入药部位】叶、气生根。

【化学成分】小叶榕叶中主要含黄酮、三萜类、齐墩果酸、脂肪族化合物和甾体化合物等。

【功能主治】具清热、解表、化湿、发汗、透疹之功效。叶中药用成分对治疗心血管疾病、抗炎、抑菌等都有显著的效果，主治流行性感冒、支气管炎、百日咳。

【药理作用】

（1）镇咳、祛痰、抗炎的作用

小叶榕不同提取部位具有明显的镇咳、抗炎作用，有望临床用于治疗慢性支气管炎等症。对小叶榕的水提物、醇提物及不同极性溶剂萃取部位进行镇咳祛痰作用的考察，结果表明小叶榕水提物的镇咳祛痰作用最优。

采用氨水致咳小鼠动物模型、枸橼酸致咳豚鼠动物模型来评价小叶榕不同提取部位的镇咳作用；采用二甲苯滴耳廓致肿胀的小鼠动物模型、大鼠棉球肉芽肿动物模型来评价小叶榕不同提取部位的抗炎作用。结果表明：小叶榕醇沉不溶物能延长小鼠和豚鼠的咳嗽潜伏期，但不能减少咳嗽次数，小叶榕水提物、水提醇沉溶解物、大孔吸附树脂吸附洗脱物能延长小鼠和豚鼠的咳嗽潜伏期，并能减少咳嗽次数，其中水提醇沉溶解物镇咳作用最强；小叶榕醇沉不溶物不能减轻二甲苯引起的小鼠耳廓肿胀的程度，能减轻大鼠棉球肉芽肿足跖肿胀的程度，但效果不明显；小叶榕水提物、水提醇沉溶解物、大孔吸附树脂吸附洗脱物均能明显减轻二甲苯引起的小鼠耳廓肿胀的程度，并能明显减轻大鼠棉球肉芽肿足跖肿胀的程度。这表明国产小叶榕不同提取部位具有明显的镇咳、抗炎作用。

（2）抗病毒

从小叶榕叶的乙醇提取物中分离得到阿夫儿茶素等几个黄烷化合物，其中（＋）（2R,3S）阿夫儿茶素（1）、（-）（2R,3R）表阿夫儿茶素（2）这两种黄酮化合物对兔肾细胞中培养的2型单纯疱疹病毒（HSV）具有抑制作用。

【其他用途】本种为紫胶虫寄主树，也可为行道树、园景树、遮荫树、防护树、桩景树、绿篱及绿雕塑、室内绿化。

4.大青树 *Ficus hookeriana* Corner

【应用状况】适用于作行道树、园景树和庭荫树，果熟可食。

5.直脉榕 *Ficus orthoneura* Lévl. et Vant.

【应用状况】在园林绿化中作行道树，其树桩、小苗是制作盆景的材料。

6.印度胶树 *Ficus elastica* Roxb. ex Hornem.

【应用状况】庭园常见的观赏树、行道树、遮荫树、室内绿化树。本种胶乳属于硬橡胶类，是制造橡胶产品的重要原料。

7.大叶水榕 *Ficus glaberrima* B1.

【应用状况】本种为紫胶虫良好寄主树。

8.榕树 *Ficus microcarpa* Linn

【药用部位】气根、叶、果实。

【采收加工】气根：全年可采，割下，扎成小把，鲜用或晒干。果实：夏秋季采收，鲜用或晒干。叶：全年可采，鲜用或晒干。

【化学成分】榕须含三萜、神经酰胺类、黄酮、倍半萜、香豆素、生物碱、木脂素、甾醇、脂肪烃、有机酸、高级脂肪酸酯、芳香化合物、氨基酸、维生素、糖等。

【功能主治】气生根：散风热，祛风湿，活血止痛。主治流感、百日咳、麻疹不透、扁桃体炎、风湿骨痛、跌打损伤。果实：清热解毒。主治疮疖、臁疮。叶：清热发表，解毒消肿，祛湿止痛。主治流感、慢性气管炎、目赤、牙痛、肠炎、乳痈等。用法：①治关节风湿痛以及脚筋紧张，屈伸不利：榕树倒抛根合童便煎洗患处。（《泉州本草》） ②治关节风湿痛：格树气根二至四两。酒水煎服。或用气根煎汤洗患处。（《福建中草药》） ③治跌打损伤：榕树气根二两。或加樟树二重皮三至五钱。水煎冲酒服。（《福建中草药》） ④治血淋：榕树倒抛根鲜者一两半(干者八钱)。合冰糖炖服，每日一次，续服四、五次。（《泉州本草》） ⑤治小便不通：榕树吊须一把，沙糖、米酒各适量。水煎服。（《岭南草药志》） ⑥治疝气，子宫脱垂：榕树干气根一两，瘦猪肉适量。水炖服。(福建晋江《中草药手册》) ⑦固齿，止牙痛：榕根须，摘断，入竹管内，将盐塞满，以泥封固；火煅存性为末，擦牙，摇动者亦坚。竹管不用。（《纲目拾遗》） ⑧治牙痛，能消肿止痛杀虫：榕须、皂角。煎水含之：冷则吐，吐则再含。（《岭南采药录》） ⑨治喉蛾：榕树须六两。黑醋一汤碗，煎好，候温含漱。（《岭南草药志》） ⑩治湿疹，阴痒：榕树气根适量。煎水洗。（广州空军《常用中草药手册》） ⑪治神经性皮炎：鲜榕树须，捣烂外敷。（广州空军《常用中草药手册》）

【药理作用】榕树乳汁涂患处可治唇疗、牛皮癣等。有人采用榕树叶、蓖麻叶外敷治疗非骨折性四肢关节扭伤，收到了良好的效果。研究表明，榕树须根醇提物石油醚部位和水提物具有抗血栓形成的作用。

【其他用途】可做盆景、行道树、园景树、遮荫树、防护树、桩景树、绿篱及绿雕塑、室内绿化用。

9.垂叶榕 *Ficus benjamina* Linn

【药用部位】枝叶。

【采收加工】春季采收，晒干。

【功能主治】通经活血。主治月经不调、跌打损伤。

【药理作用】以叶入药，有行气、消肿、散瘀的功效。治跌打、溃疡。

【其他用途】行道树、园景树、遮荫树、防护树、桩景树、绿篱及绿雕塑、室内绿化用。

10.聚果榕 *Ficus racemosa* Linn

【药用部位】叶、果。

【药理作用】聚果榕果实乙醇提取物的水溶部分在DPPH自由基清除实验中显示出了明显的抗氧化活性。聚果榕树叶乙醇和石油醚联合提取物在剂量浓度为300毫克/千克时，于链脲霉素诱导患糖尿病大鼠实验中显示了良好的抗高血糖作用。对聚果榕乙醇提取液进行分馏和生物测定，结果从中确定了一种新的化合物聚果榕酸，这种聚果榕酸对两条在炎症途径中起关键作用的酶COX-1和5-LOX显示出极强的抑制性，说明聚果榕酸有抗炎活性。同时，聚果榕酸能有效清除ABTS自由基，显示出很强的抗氧化活性。有学者用1%—3%的总序天冬、2%—4%的茴香和3%—5%聚果榕等提取物联合赋形剂，用于治疗胃部不适、胃癌、胃痛、肠道不适、胃及十二指肠溃疡，得到了较好的疗效。商亚珍（2001）用聚果榕叶的石油醚提取物对四氯化碳肝损伤大鼠进行实验，结果表明聚果榕叶对其有明显的保护作用。

【其他用途】本种榕果成熟味甜可食；且为良好紫胶虫寄主树。为优良的紫胶虫寄主树种；根系发达，可防止水土流失；榕果味甜，可食。也做园景树、遮荫树。

11.尖叶榕 *Ficus henryi* Warb. ex Diels

【药用部位】根、叶。

【采收加工】根：全年可采挖，除去杂质，晒干。叶：夏秋季采收，晒干。

【功能主治】消肿解毒。主治疮痈肿毒。

【其他用途】榕果成熟可食。

12.无花果 *Ficus carica* L.

【药用部位】果实、根、叶。

【采收加工】果实：7—10月果实呈绿色时分批采摘，用沸水烫后捞取，晒干。根：全年均可采挖，除去杂质，晒干。叶：夏秋季采收，晒干。

【化学成分】果实含葡萄糖、苹果酸、蛋白水解酶等；叶含氨基酸、豆甾醇、香柠檬内酯；根含补骨脂素。

【功能主治】果实：清热生津，解毒消胀。主治咽喉肿痛、乳汁稀少、食欲不振、痈肿等。叶、根：清热解毒，消肿止痛。主治肺热咳嗽、湿热泄泻、带下、痔疮、痈肿疼痛等。

【药理作用】

（1）抗癌、抗肿瘤作用

无花果在日本研究较多，Thuy 等（2004）用无花果提取液中的活性物质治疗癌症患者，具有抗Ehrlieh肉瘤的作用，用水蒸气蒸馏法从无花果果实中分离得到的苯甲醛具有抑制老鼠Ehrlieh肉瘤增长的作用。我国科研人员研究发现，在无花果的枝叶、果实中还含有呋喃香豆素内酯、补骨酯素、佛手柑内酯等13种活性抗癌物质，对治疗幽门癌、贲门癌、食道癌、皮肤癌、肺癌疗效明显。还有国外学者研究认为无花果还能治疗咽喉癌、乳腺癌、宫颈癌、卵巢癌、膀胱癌，甚至对晚期胃癌也有明显效果。

（2）镇痛作用

尹卫平等（1996）以无花果提取物为原料，制备的半合成品B-CDBA和BG，用小鼠热板法实验证实有镇痛作用。其镇痛效果与吗啡相比，痛阈值较吗啡低，但维持时间较久。

（3）抑菌作用

李玉群等（2003）采用生长速率法，对无花果各器官6种溶剂的提取液进行了4种植物病原菌的抑菌生物活性筛选。实验结果表明，无花果各个器官均含有丰富的农用抑菌活性物质，以茎皮、 根和叶中所含活性成分较高。

（4）提高免疫力，消除疲劳，抗衰老作用

无花果多糖不仅能增强正常小鼠的免疫功能，而且对荷瘤、药物造成的小鼠免疫功能抑制状态有恢复作用。张孝卫等(2005)研究了无花果水提物对小鼠游泳运动后糖代谢的影响，实验表明无花果在提高机体能量储备、加速疲劳消除等方面有一定的作用。

（5）抗骨质疏松

研究维药无花果叶醇提物对泼尼松致大鼠骨质疏松的对抗作用。泼尼松模型组大鼠股骨重量、尺骨羟脯氨酸和骨钙含量比正常对照组明显降低，胫骨骨髓腔中脂肪组织增多（P<0.01），血浆胆固醇（TG）含量上升，碱性磷酸酶（ALP）和高密度脂蛋白（HDL）含量下降（P<0.01）。维药无花果叶醇提物能有效提高骨的重量和骨质的含量（P<0.01），减少骨髓腔中脂肪的含量，提高碱性磷酸酶和高密度脂蛋白含量（P< 0.01）。结果表明，泼尼松可抑制大鼠的骨生长及引起骨丢失，而维药无花果叶醇提物可有良好的对抗作用。

【其他用途】新鲜幼果及鲜叶治痔疗效良好。榕果味甜可食或作蜜饯，又可作药用。榕果成熟可食或糖渍；果和鲜叶治痔疮疗效良好，也做园景树。

13.披针叶天仙果 *Ficus erecta* Thunb. var. *beechegana* f. *Koshunensis*(Hogata)Corner

【药用部位】果实、根、茎叶。

【采收加工】根：全年可采挖，除去杂质，晒干。果实：7—10月果实呈绿色时分批采摘，用沸水烫后捞取，晒干。茎叶：夏秋季采收，晒干。

【功能主治】果实：换下，润肠。主治痔疮。根：健脾益气，活血，祛风除湿。主治劳倦无力、食少、乳难、月经不调、脾虚白带、脱肛、风湿关节炎。茎叶：补气健脾，祛风湿，活血通络。主治气虚乏力、四肢酸软、风湿痹痛、筋骨不利、跌打损伤、经闭、乳汁不通。

14.变叶榕 *Ficus variolosa* Lindl. ex Benth.

【药用部位】茎、叶、根。

【采收加工】全年均可采收，鲜用或晒干。

【功能主治】祛风除湿，活血止痛，催乳。主治风湿痹痛、胃痛、疖肿、跌打损伤、乳汁不下。

【药理作用】以茎、叶入药。茎清热利尿，叶敷跌打损伤，根亦入药，补肝肾，强筋骨，祛风湿。

【其他用途】茎皮纤维可作人造棉、麻袋，也做园景树。

15.菱叶冠毛榕 *Ficus gasparriniana* Miq. var. *laceratifolia* （Lévl. et Vant.） Corner

【药用部位】根、果实。

【采收加工】根：全年均可采挖，晒干。果实：秋冬季采收，晒干。

【功能主治】根：清热解毒，敛疮。主治红白痢疾、淋症、瘰疬、痔疮。果实：下乳。主治乳汁不下。

【药理作用】常用中草药，以根、叶入药，味涩，微辛，性平，有舒筋活血、祛风除湿、清热解毒、消炎止痛功效。治风湿、百日咳、背痛、乳汁不足、黄疸、乳痈、腰痛、胃痛、疟疾、闭经、月经不调。

16.绿叶冠毛榕 *Ficus gasparriniana* Miq. var. *viridescens* （Lévl. et Vant.） Corner

【药用部位】果实。

【采收加工】秋冬季采收，晒干。

【功能与主治】祛风、利湿，健脾。主治风湿痹痛、急惊风、劳倦乏力、消化不良、脾虚带下。

【药理活性】功效主治同菱叶冠毛榕，有舒筋活血、祛风除湿、清热解毒、消炎止痛功效。治风湿、百日咳、背痛、乳汁不足、黄疸、乳痈、腰痛、胃痛、疟疾、闭经、月经不调。

17.异叶榕 *Ficus heteromorpha* Hemsl.

【药用部位】根、全株。

【采收加工】全年均可采收，除去杂质，晒干。

【功能主治】祛风除湿，化痰止咳，活血，解毒。主治风湿痹痛、咳嗽、跌打损伤、毒蛇咬伤。

【其他用途】茎皮纤维供造纸；榕果成熟可食或作果酱；叶可作猪饲料。

18.台湾榕 *Ficus formosana* Maxim.

【药用部位】根。

【采收加工】全年可采挖，除去杂质，鲜用或晒干。

【功能主治】活血补血，催乳，止咳，祛风利湿，清热解毒。主治月经不调，产后或病后虚弱、乳汁不下、咳嗽、风湿痹痛、跌打损伤、毒蛇咬伤、湿热黄疸、急性肾炎、尿路感染。

【其他用途】园景树、桩景树、绿篱。

19.竹叶榕 *Ficus stenophylla* Hemsl.

【药用部位】全株。

【采收加工】春秋季生长茂盛时采收，洗净，切片晒干。

【化学成分】根含3,4-二氢补骨酯素、7-羟基香豆素、香柠檬内酯、补骨酯素、儿茶素、芹菜素、蔗糖、香草酸、胡萝卜苷、豆甾醇等。

【功能主治】祛痰止咳，祛风除湿，活血消肿，安胎通乳。主治咳嗽胸痛、风湿骨痛、胎动不安、肾炎、乳痈、疮疖肿毒、跌打损伤。

【药理作用】以果实入药，味甘、苦，性温，有补气润肺、祛痰止咳、行气活血功效。治跌打损伤、风湿骨痛、缺乳、五痨七伤、咳嗽胸痛，茎清热利尿，止痛。

【其他用途】本种及变种均为固沙植物，也做园景树、桩景树、室内绿化。

20. 长柄竹叶榕 *Ficus stenophylla* Hemsl. var. *macropodocarpa*（Lévl. et Vant.）Corner

【应用现状】本种及变种均为固沙植物，也做园景树、桩景树、室内绿化。

21. 地瓜 *Ficus tikoua* Bur

【药用部位】全株。

【采收加工】9—10月采收，洗净，晒干。

【化学成分】4-豆甾烯-3-酮、佛手内酯、β-香树脂醇、β-谷甾醇、香豆酸甲酯、咖啡酸甲酯、尿囊素、齐墩果酸和胡萝卜苷。

【功能主治】清热利湿，活血通络，解毒消肿。主治肺热咳嗽、痢疾、水肿、黄疸、风湿疼痛、经闭、带下、跌打损伤、无名肿毒等。

【药理作用】在贵州作为苗族习用药材。地瓜藤味苦、性寒，清热利湿，活血通络，解毒消肿。主治肺热咳嗽、痢疾、小儿消化不良、风湿疼痛、带下、跌打损伤。国内外对其药理学研究表明，具有降血糖、松弛平滑肌、抗肿瘤、抗菌等作用，具有潜在的药用价值。

【其他用途】榕果成熟可食；又是水土保持植物。

22. 石榕树 *Ficus abelii* Miq.

【药用部位】根皮、叶。

【采收加工】根皮：全年均可采收，趁鲜剥取，切片，鲜用或晒干。枝叶：夏、秋季采收，晒干。

【功能主治】根皮：风湿痛肿。主治感冒、支气管炎。叶：清热解毒。主治感冒、支气管炎。

23. 黄毛榕 *Ficus esquiroliana* Lévl.

【药用部位】根、树皮。

【采收加工】全年均可采，洗净，晒干。

【功能主治】益气健脾，祛风除湿。主治气虚、阴挺、脱肛、便溏、水肿、风湿痹痛。

【药理作用】以根皮入药，味甘，性平，有消肿、止泻、强筋骨、健脾益气、活血祛风功效。治风湿痛、气血虚弱、子宫下垂、脱肛、水肿。

24.粗叶榕 *Ficus hirta* Vahl

【药用部位】根。

【采收加工】全年可采挖，除去杂质，鲜用或切段、切片晒干。

【化学成分】含有机酸、氨基酸、三萜、香豆精、生物碱等。

【功能主治】祛风除湿，祛瘀消肿。主治风湿痿痹、腰腿痛、痢疾、水肿、带下、瘰疬、经闭、乳少、跌打损伤。药用治风气，去红肿（植物名实图考）。《浙江植物志》称根、果祛风湿，益气固表。

【药理作用】给豚鼠腹腔注射粗叶榕根乙醇提取液，能显著地增大方波刺激迷走神经的引咳阈值；给小白鼠灌胃，能非常显著地增加其呼吸道的酚红排泌量；给蛙口腔黏膜滴提取液，黏膜上皮纤毛运动速度明显加快；该提取液能非常显著地延长给豚鼠组氨喷雾的引喘潜伏期；对豚鼠离体气管容积也有一定扩大效应，所以粗叶榕根乙醇提取液有明显的镇咳、祛痰和平喘作用。

【其他用途】茎皮纤维制麻绳、麻袋。（贵州植物志）

25.大果榕 *Ficus auriculata* Lour.

【药用部位】果实。

【采收加工】7—10月果实呈绿色时分批采摘，用沸水烫后捞取，晒干。

【功能主治】祛风宣肺，补肾益精。主治肺热咳嗽、遗精、吐血。

【其他用途】榕果成熟味甜可食，也做园景树、遮荫树。

26.苹果榕 *Ficus oligodon* Miq.

【应用现状】成熟时果实深红色，味甜可食，且为紫胶虫寄主树。

27.鸡嗉子榕 *Ficus semicordata* Buch. -Ham. ex J. E. Sm.

【入药部位】果皮。

【功能主治】又称中山枇杷果、生鸠（基诺语）。基诺族常用药，以果皮入药，味微酸、涩，有收敛功效。治脱肛。

【其他用途】本种树冠伞状，叶排为两列，冠幅平行展出，为蔽荫良好树种。

28.斜叶榕 *Ficus tinctoria* Forst. f. subsp. *gibbosa* （Bl.） Corner

【药用部位】叶、树皮。

【采收加工】叶：春夏季采收，晒干。根皮：全年均可采收，鲜用或晒干。

【功能主治】叶：祛痰止咳，活血通络。主治咳嗽、风湿痹痛、跌打损伤。根皮：清热利湿，解毒。主治感冒、高热惊厥、泄泻、痢疾、目赤肿痛。

【药理作用】以树皮及寄生虫瘿入药，味苦、寒，有清热、消炎、解痉功效。治感冒、高热抽搐、腹泻痢疾；水煎后热敷患眼，可治风火眼痛。

【其他用途】作行道树、园景树、遮荫树。

29.对叶榕 *Ficus hispida* Linn

【药用部位】根、根皮、叶。

【采收加工】根、根皮：全年可采，除去杂质，晒干。叶：夏秋季采收，晒干。

【化学成分】叶和枝含α-豆甾醇、正癸烷、叶黄素、乌苏酸、豆甾醇-3-O-β-D-葡萄糖苷、7-羟基香豆素、香草酸、齐墩果酸-28-O-α-D-吡喃葡萄糖苷、异紫堇定碱和原阿片碱等。

【功能主治】疏风清热，消积化痰，健脾除湿，行气散瘀。主治感冒发热、结膜炎、支气管炎、消化不良、痢疾、脾虚带下、乳汁不下、跌打肿痛、风湿痹痛。

【药理作用】对叶榕树叶的提取物对咪唑硫嘌呤（一种免疫抑制药）在治疗肝中毒时可能有一定的调节作用，从而有利于预防肝毒性。对叶榕树叶甲醇提取物通过几种动物模型的验证，均表示其具有一定的镇静、抗痉挛作用。对叶榕树叶提取物具明显的抗氧化活性，因此它可作为一种有效的补充剂来减少咪唑硫嘌呤治疗肝中毒时的氧化作用。对叶榕树叶的甲醇提取物能改善因环磷酰胺诱发的心脏中毒，它可与环磷酰胺联合使用对抗氧化应激从而调节心肌损伤。对叶榕乙醇提取物的水溶部分在大鼠实验中具有明显的降血糖作用，其机制可能是它能促进糖原生成并能增强外部葡萄糖的吸收。对叶榕树叶甲醇提取物在扑热息痛诱导大鼠急性肝损伤实验中显示出了明显的保肝作用。

【其他用途】可做园景树。

30.薜荔 *Ficus pumila* Linn

【药用部位】花序托、带叶茎枝。

【采收加工】果10月采收，其余全年均可采收，鲜用或晒干。

【化学成分】肌醇、芦丁、乙酸蒲公英赛醇酯、爱留米脂醇乙酸脂等成分。

【功能主治】全草微酸，平；果甘，平。利湿，活血，消肿，通乳。根、茎治疟疾、劳疲乏力、子宫脱垂、闭经、产后腹痛、睾丸炎、脱肛、痔疮、肠风下血、关节痛、扭伤、冻疮；果治久痢、乳糜尿、遗精、乳汁不通、疔疮痈肿。用法：① 风湿关节痛：薜荔茎或根、南天竹各30克，水煎服；外用薜荔不育枝60克，土牛膝、榕树须各30克，水煎熏洗。②疝气：薜荔枝30克，三叶木通根60克，水煎去渣，加鸡蛋煮服。③ 乳汁不通：薜荔果2

个，猪前蹄1只，煮食并饮汁。

【药理作用】薜荔的茎、叶供药用，有祛风除湿、活血通络作用，用来治腰腿痛、乳痛、疮节等。有学者对薜荔种子的研究发现，其不仅含有高于花被中的果胶、维生素C、维生素E、胡萝卜素以及粗蛋白、粗纤维，还含有人体所需要的8种氨基酸，并且矿质元素极为丰富，其中有能抑制肿瘤细胞生长的微量元素硒，含量高达717微克/克。空军汉口医院肿瘤防治小组通过动物试验，研究了薜荔果多糖抗肿瘤的作用。结果表明，薜荔籽的水洗黏液对多种小白鼠移植性肿瘤的生长有较明显的抑制作用。此外，薜荔还可用于治疗其他恶性肿瘤。鄂少廷等(1980)人研究发现，薜荔果多糖对化疗所致的免疫抑制现象有纠正作用，且对放疗和化疗后的骨髓有一定的保护作用网。吴文珊等(2004)人对薜荔的水提液和乙醇提取液进行抑菌药敏试验，结果表明薜荔的水提液对大肠杆菌的抑菌效果明显；薜荔的乙醇提取液对枯草芽孢杆菌的抑菌效果较为显著；对啤酒酵母、橘青霉和黑曲霉等真菌均无抑菌作用。薜荔还有抗炎镇痛作用，有人采用小鼠耳肿胀法、小鼠足肿胀法、小鼠热板致痛法和小鼠扭体法，按传统水煎剂给药，对二甲苯所致耳肿胀有一定抑制作用，抑制率处于筛选标准(＞30%)的临界水平；对琼脂所致小鼠足肿胀均有一定抑制作用；两种炎症模型的实验结果提示薜荔的抗炎作用优于络石。两种络石藤药材均可提高小鼠热板致痛的痛阈；对酒石酸锑钾所致小鼠扭体反应均有一定抑制作用。抑制率均大于筛选标准(＞50%)，结果表明两种络石藤药材均有不同程度的抗炎、镇痛作用。

【其他用途】瘦果水洗可作凉粉，滕叶药用，在园林中作为垂直绿化用。（贵州植物志）

31. 尾尖爬藤榕 *Ficus sarmentosa* var. *lacrymans*（Lévl. et Vant.） Corner

【药用部位】藤、根。

【采收加工】全年均可采收，鲜用或晒干。

【功能主治】祛风除湿，行气活血，消肿止痛。主治风湿痹痛、神经性头痛、小儿惊风、胃痛、跌打损伤。

32.爬藤榕 *Ficus sarmentosa* var. *impressa*（Champ.） Corner

【药用部位】根、茎。

【采收加工】全年均可采收，鲜用或晒干。

【功能主治】祛风除湿，行气活血，消肿止痛。主治风湿痹痛、神经性头痛、小儿惊风、胃痛、跌打损伤。

33.珍珠莲 *Ficus sarmentosa* var. *henryi*（King ex Oliv.）Corner

【药用部位】根、花序托。

【采收加工】根：全年均可采挖，洗净，切片，鲜用或晒干。

【功能主治】祛风除湿，消肿止痛，解毒杀虫。主治风湿关节痛、脱臼、乳痈、疮疖、癣症。

【其他用途】瘦果（种子）水洗制成冰粉，为夏季解暑饮料。（贵州植物志）

六、葎草属 **Humulus** Linn

1.葎草 *Humulus scandens*（Lour.）Merr.

【药用部位】全草。

【采收加工】秋季采收，除去杂质，晒干。

【化学成分】全草含木犀草素、葡萄糖苷、胆碱、天门冬酰胺、挥发油、鞣质及树脂等多种物质。叶含大波斯菊苷、牡荆素。果实含律草酮及酒花酮。

【功能主治】清热解毒，利尿通淋。主治肺热咳嗽、肺痈、虚热烦渴、热淋、水肿、小便不利、湿热泻痢、热毒疮疡、皮肤瘙痒。

【药理作用】平板纸片法试验表明，100g鲜葎草的水煎剂溶液对肺炎球菌、大肠杆菌有抑制作用。葎草煎剂体外实验对金黄色葡萄球菌、白喉杆菌、痢疾杆菌、乙型溶血性链球菌、大肠杆菌、炭疽杆菌、伤寒杆菌有抑制作用。鲜葎草与鲜苜蓿按1∶1混合后，作为肥胖大鼠的纤维素来源，能有效预防其腹泻。20世纪90年代日本学者发现葎草提取物中的α-酸和异α-酸具有抗骨质吸收作用能治疗骨质疏松。葎草的醇提物对4氨基吡啶和氯喹诱导大鼠有明显的止痒作用。临床上葎草治疗婴幼儿腹泻、急性细菌性痢疾、血精、带状疱疹、肺结核、疗胆石症、 胆囊炎疼痛等都取得了良好的疗效。

【其他用途】茎皮纤维可作造纸原料，种子油可制作肥皂，果穗可代啤酒花用。茎皮纤维强韧，可代麻用和纺织原料；全草入药，亦可作土农药；种子含油量27%，供制肥皂、油墨、润滑油及其他工业用油。

2.啤酒花 *Humulus lopulus* Linn

【入药部位】果穗、全草。

【采收加工】全草夏秋采，鲜用或晒干。

【化学成分】含挥发油、树脂类、黄酮类、多酚类化合物，且含有胆碱、果糖、蔗糖、葡萄糖及类脂、粗纤维、粗蛋白等，另外还含有丰富的氨基酸和果胶。其中黄酮类主要为葎草二烯酮、葎草烯酮-Ⅱ、葎草酮、蛇麻酮、2-甲基丁烯-3醇--2、尚含黄芪甙、导槲皮甙、芸香甙等。

【功能主治】微甘，凉。清热利湿，消肿解毒。治肺结核、痢疾、胃肠炎、中暑吐泻、小便不利、淋症、小儿疳积、小儿腹泻、痔疮出血、瘰疬、痈疽、蛇蝎伤。用法：① 胃肠炎：葎草12克，南五味子根、辣蓼各9克，水煎服。② 小儿疳积：葎草6—15克，鸡蛋1个，水煎服。③ 细菌性痢疾：葎草60—90克，水煎服。④ 皮肤瘙痒、小儿天疱疮、脱肛：葎草适量，水煎熏洗。⑤ 蛇蝎伤：鲜葎草叶1克，雄黄3克，捣烂外敷。

【药理作用】

（1）抗菌、抗病毒

在体外实验中，啤酒花浸膏、蛇麻酮、葎草酮均能抑制炭疽芽孢杆菌、蜡样芽孢杆菌、白喉杆菌、肺炎双球菌、金黄色葡萄球菌等革兰阳性菌的生长，亦能抑制结核菌，但对革兰阴性菌无抑制作用，对致病性与非致病性真菌及放线菌抑制效力极弱或无效。蛇麻酮的抗菌作用强于葎草酮，且pH 5—6时作用最强。啤酒花a-酸和黄腐醇对牛病毒性腹泻病（BVDV）、单纯疱疹病毒1型（HSV-1）、HSV-2等有弱至中等强度的抗病毒作用，且可作为丙型肝炎病毒（HCV）、疱疹病毒抗病毒剂的先化合物。

（2）抗肿瘤

1994年，日本大学医学部的研究人员首次证实啤酒花有防癌作用。啤酒花的苦味酸主要包括 α-酸类和β-酸类，对人白血病 HL-60细胞表现出强的生长抑制作用（IC_{50}为 8.67毫克/毫升）。它通过断裂DNA来诱导 HL-60细胞凋亡，并表现出亚-G脱氧核糖核酸高峰。这一作用是通过诱导肿瘤细胞凋亡实现的，苦味酸通过线粒体途径启动细胞凋亡，诱导线粒体功能异常，导致 SGC-7901和 HepG 细胞内线粒体膜电位明显下降，释放出细胞色素C，这可能是其引起细胞凋亡发生的主要作用机制。

（3）抗氧化

利用Fe^{2+}-次黄嘌呤-黄嘌呤氧化酶体系，研究了啤酒花水提物的抗氧化活性。实验结果表明，啤酒花具有与Vc相似的抗氧化活性，并呈剂量——效应关系。

（4）雌性激素样作用

采用啤酒花水提取液研究啤酒花对去卵巢肥胖大鼠的影响。实验结构表明去卵巢后大鼠体重逐渐增加，口服啤酒花可抑制去卵巢大鼠体重的增加。植物雌激素可替代雌激素用于激素相关性疾病的治疗，而无明显的毒副作用。

（5）镇静作用

采用含有啤酒花的眠得安煎剂观察对小鼠镇静催眠的作用，实验结果表明，眠得安煎剂0.58克/千克（$1/40LD_{50}$）ip可显著减少小鼠的自主活动，显著延长戊巴比妥钠的睡眠时间，可见眠得安煎剂有一定的催眠作用。临床上也将啤酒花用于治疗内分泌紊乱、结核病、神经衰弱、麻风病以及医治脓疮、脓疱、湿疹、粉刺和疖子，效果甚佳。

【其他用途】果穗供制啤酒用，雌花药用。

七、大麻属 Cannabis Linn

1.大麻 *Cannabis sativa* Linn

【药用部位】种子、根、花、叶。

【采收加工】种子：秋季果实成熟时割取上部果穗，晒干，脱粒去杂质，再晒干。根：全年均可采挖，洗净，晒干。花：5—6月采收，鲜用或晒干。叶：夏秋季采收，鲜用或晒干。

【化学成分】种子主要含胡卢巴碱等；根主要含大麻碱、无羁萜、葛缕酮、大麻环醚萜酚等；花含大麻酚、芹菜素、木犀草素等；叶含大麻酚、黄酮类、生物碱类等。

【功能主治】果实：中医称"火麻仁"或"大麻仁"，入药，性平，味甘。润肠，润燥滑肠，利水通淋，活血。主治肠燥便秘、风痹、消渴、月经不调、跌打损伤等。花：称"麻勃"，祛风活血，生发。主治肢体麻木、眉发脱落；叶：截疟，驱蛔，定喘。主治疟疾、蛔虫症、气喘等；果壳和苞片称"麻蕡"、有毒，治劳伤、破积、散脓，多服令人发狂，叶含麻醉性树脂，可配制麻醉剂。

【药理作用】

（1）大麻在古代治疗中的应用

麻勃（大麻的花）用于记忆力衰退、瘰疬初起；麻（大麻的果实）用于消渴；大麻叶用于下蛔虫、疟疾；大麻茎或茎皮用于治破血、通小便、跌打损伤；大麻根用于带下崩中、热淋下血、跌打淤血；大麻汁用于消渴、淤血；大麻油熬黑敷头上治发落不生。

（2）大麻在现代治疗中的应用

1）镇痛作用

大麻镇痛的有效成分主要有大麻酚、四氢大麻酚、大麻二酚、屈大麻酚等，主要用于治疗神经性疼痛、多发性硬化症疼痛、严重癌性疼痛、类风湿关节炎疼痛、艾滋病毒疼痛等。研究表明，全身性使用大麻在各种疼痛动物模型中具有抗伤害性刺激和抗痛觉过敏的作用。

2）治疗青光眼

青光眼主要是由于眼内压升高所引起，大麻可明显降低眼内压，其作用远优于常用降眼压的药物，其中主要起治疗作用的是大麻素中的活性成分左旋-希9-四氢大麻酚。然而，由于大麻有降低血压的功能，所以可能会影响血液流至视神经，从而导致青光眼恶化。

3）治疗恶性神经胶质瘤

大麻中的活性成分左旋-希9-四氢大麻酚，可用于恶性神经胶质瘤的治疗。经实验研究证实大麻酚类化合物具直接抗癌作用，而非通过免疫应答。

4）促进食欲和抗恶体质作用

大麻的有效成分THC会刺激饥饿，能轻度增加热量摄人和体重。有学者认为可用大麻治疗与艾滋病有关的食欲下降和体重减低。

5）抗呕吐作用

大麻中的THC成分可明显抑制化学治疗和放射治疗期间的恶心与呕吐，大多数研究指出THC与止吐药甲哌氯丙嗪有同等疗效。

6）削弱恐惧性记忆

内源性大麻素与大麻的原始提取成分THC相似，均可影响机体的精神状况。德国专家最近在动物研究中发现，大脑中的一种类似于大麻活性组分的化合物在消除恐惧记忆方面具有重要的作用。

7）延缓动脉粥样硬化

瑞士科学家发现，大麻中成分THC进入机体后，能够与免疫细胞表面的CB2蛋白结合，阻止动脉粥样硬化。研究人员指出，如果将THC和目前常用的降胆固醇物质相结合来治疗动脉硬化，效果会更好。

（3）大麻应用的安全性

现代研究发现大麻的致畸、致癌、致突变实验均为阳性；长期的大麻摄入可引起脑的退行性变脑病，可诱发精神错乱，偏执狂和妄想型精神分裂症等中毒性精神病；吸毒者吸入大剂量大麻，会产生大麻中毒性精神病出现幻觉、妄想和类偏执状态，伴有思维紊乱，自我意识障碍，出现双重人格。长期吸食者会出现心理依赖性，一旦忽然中断服用，可出现失眠、食欲减退、性情急躁、易怒、呕吐、颤抖等戒断症状。

【其他用途】茎皮纤维长而坚韧，可用以织麻布或纺线，制绳索，编织渔网和造纸；种子榨油，含油量30%，可供作食用油或油漆，涂料等，油渣可作饲料。

第四章

桑科 Moraceae 植物在贵州园林绿化与石漠化治理中的应用及发展前景

桑科Moraceae植物种类繁多，分布范围广。全世界约有桑科植物53属，1400种，广泛分布在热带和亚热带地区，只有少数种能生活在温带地区。中国有12属200余种及变种、亚种、变型，主要分布于长江以南各省区。贵州有8属、70余种及变种、亚种、变型。许多种类具有食用、药用和园林绿化、造林等功能，因此引起人们越来越多的关注。目前国内外学者对桑科植物的研究主要集中在形态结构及分类研究、化学成分及生物活性分析、药用及功能食品开发研究、内生菌化学成分研究，但对园艺栽培及应用研究与石漠化治理等方面研究较少，本章将从桑科Moraceae植物部分物种在贵州园林绿化和石漠化治理方面进行概述。

一、桑科 Moraceae 植物在园林绿化中的应用前景

植物作为园林设计中的重要构成要素之一，在园林绿化中充当众多的角色，并发挥三种主要的功能：建造功能、环境功能及观赏功能。其中建造功能主要体现在植物构成外部空间的作用。所谓植物空间，是指园林中以植物为主体，经过艺术布局组成各种适应园林功能要求的空间环境。贵州的乡土园林绿化植物中，桑科Moraceae植物已逐渐得到人们的认可。

1.榕属 Ficus 植物在园林景观中的应用价值

全世界已知榕属Ficus植物有800多种，我国榕属Ficus植物约有120种，贵州有50余种（含种下分类群）。其中许多种类由于适应性强、四季常青、形态优美、遮荫效果好、耐修剪、寿命长、具有较高的观赏价值和良好的生态效果，已被应用于园林绿化。如榕树Ficus microcarpa、小叶榕Ficus concinna、大叶水榕Ficus glaberrima、竹叶榕Ficus stenophylla、印度胶树Ficus elastica、垂叶榕Ficus benjamina、黄金榕Ficus microcarpa、菩提榕Ficus religiosa、琴叶榕Ficus lyrata等。另外还有一些种类如对叶榕Ficus hispida、歪叶榕 Ficus cyrtophylla、斜叶榕Ficus tinctoria subsp. gibbosa、大果榕Ficus auriculata、枕果榕Ficus *drupacea*等只在植物园、森林公园中有少量应用，因这几种榕树的叶形奇特，观赏性强，必将在今后的园林绿化中得到推广应用。

在涉及植物的建造功能时，植物的大小、形态、封闭性和通透性是重要的参考因素。榕属*Ficus*植物又因为其丰富的生活型及特殊的生物学特性，能形成独特的景观效果，从而使园林景观相应呈现出不同的空间变化。大多数榕属*Ficus*植物终年常绿，有的种类树冠高大、雄伟挺拔，如榕树、大叶榕；有的枝繁叶茂，浓荫蔽目，如榕树；有的冠形如伞，优雅飘逸，如垂叶榕、竹叶榕等。榕属*Ficus*乔木类绿量大、绿视率高，且生长较一致，主干分枝点低，常自然长成开敞冠姿，形成郁郁葱葱的绿化景观，特别是树龄百年以上的古榕树，历经沧桑岁月，形成千姿百态的奇异树冠。另外，榕属的果实除了形状多样，且成熟时呈多种颜色，小的几毫米，大的几厘米，聚生或散生，结果盛期，形成色彩艳丽的硕果累累的景观。

榕属*Ficus*植物中有些品种叶形奇特，自成景观，如异叶榕；有的叶片形状似提琴；歪叶榕、斜叶榕叶片向一边偏斜；垂叶榕、斑叶垂榕枝条下垂洒脱飘逸，这些树种作为行道树、园景树，列植、丛植或孤植皆成特色景观。榕属*Ficus*植物多数常绿阔叶，年生长期长，生长量大，光合速率高，光合作用强，能吸收大量 CO_2，释放更多氧气，同时能吸收大量灰尘和有毒气体，具有较好的净化空气的作用。如榕树对二氧化硫、氯气、煤烟病都具有很强的抗性，是污染厂区首选的绿化树种。榕树树冠高大，绿荫浓郁，有很强的消声降噪作用，又能降温增湿，调节小气候，特别是在城市中心区，能明显降低热岛效应；而且榕树根系发达，防风固沙作用大，涵养水源保持水土作用强。榕属多数种类含有乳汁，叶片含水量较高，具有较强的抗燃能力，能作为城市应急防灾避难绿地及山林防火隔离带树种。

榕属*Ficus*植物繁殖力强，通过种子、扦插、高压等方式都能在短时间内获得较多种苗，苗木繁殖成本低，降低种苗单价。无论采用何种方式进行繁殖的苗木，移栽后成活率极高，若养护得当，能较快形成预期绿化效果。榕树生长快，生长量大，且寿命长，可大大延长绿地更新改造期限，是推广节约型园林城市建设的首选树种之一。而且其抗逆性强，抗恶劣生境（水、气、热）能力强，病虫害少，养护成本低；部分树种还有抗盐碱能力，是城市不可多得的景观树种。

聚果榕*Fics racemosa* Linn为常绿乔木，分布于贵州兴义、罗甸、安龙、望谟、镇宁等地，生于海拔300—650米的山坡林中、路旁石缝中。本种长寿，枝干飘逸，叶枝浓密，生长旺盛，适应性强，可以作为独赏树、遮荫树、桩景等配置。果实红色，可观赏。榕果味甜，可食用。

绿黄葛树*Fics virens* Ait.为落叶或半常绿乔木，分布于罗甸、兴义、安龙、赤水、桐梓等地，生于海拔180—700米山坡林中、路旁石缝中。该种冠幅宽大，可以作为独赏树、遮荫树、桩景等配置。果实灰褐色，可观赏。

灌木的作用主要是体现在它的形态，藤本植物主要是强调植物的质地和生长速度。高大的黄葛树*Ficus virens*、小叶榕*Ficus concinna*等的树冠和树干能构成空间的顶平面和垂直面，成为限制空间范围的关键因素；空间封闭程度随树干的大小、疏密而不同。树干越多，如像自然界的森林，那么空间围合感就越强。体量较小的垂叶榕*Ficus benjamina*等则能够在垂直面内完成空间的围合、分割等。榕属*Ficus*植物大多枝繁叶茂、四季常绿。尤其是四季常青的小叶榕*Ficus concinna*等浓密的树丛，能形成一个个闭合的空间，从而给人一种由内向外的隔离感。

树冠广阔、伸展的黄葛树*Ficus virens*使人产生宽阔感和外延感，能引导视线向水平方向移动；它们的枝叶犹如室外空间的天花板，限制了伸向天空的视线，并影响着垂直面上的尺度。球型的垂叶榕*Ficus benjamina*以其无倾向性增强了空间的柔和度，不会破坏构图的完整性。此外，利用榕属*Ficus*植物枝叶繁茂的特点，可以把垂叶榕等修剪成各种造型，配置于出入口或草坪中，营造活泼而又动感的氛围。榕属*Ficus*植物的气根、板根、老茎生花等固有形态，都是极具特色的自然景观资源。旺盛顽强，生生不息，形态多样是榕属*Ficus*植物根系所特有的生态习性。在植物空间的构建中。运用主根、侧根、气根、支柱根、板根等不同类型的根系，可以形成不同的景观效果。如小叶榕、榕树、黄葛树等具有发达的气根，它们初时细如丝线，稍加引导或环境条件合适，就可长成粗壮如柱子的支柱根；大小不一的支柱根能将游人的视线引向地面，成为树冠与地面的视线纽带，也可以代替树干起到限定树下空间的作用，有的甚至形成独木成林的奇观。

榕属*Ficus*植物大多叶色浓绿，远景和背景中效果较为明显。另外，有些种类，如印度胶树*Ficus elastica*、垂叶榕*Ficus benjamina*、小叶榕*Ficus concinna*等的园林品种呈现多变的色彩；黄金榕的嫩叶或向阳的叶呈金黄色，花叶垂榕的叶面有浅黄色或乳白色的斑纹。此外，黄葛树*Ficus virens*、印度胶树*Ficus elastica*等的托叶有时会呈现粉红至红色。这些明艳的色彩使空间距离变短、尺度缩小，给人以轻快的感受。

大青树*Ficus hookeriana*的叶厚革质，深绿色，枝条也较浓密，它所形成的顶空间围合感就要比叶纸质、淡绿色、枝叶相对较疏朗的黄葛树更强烈一些。单纯的质感可以使植物空间统一，而多样的质感可以使植物空间活跃而富于变化。因此，在进行植物配置时，要充分利用榕属*Ficus*植物不同的叶形，如：钝叶榕*Ficus curtipes*的倒卵状椭圆形叶、无花果*Ficus carica*的裂片卵形叶、楔叶榕*Ficus trivia*等的楔形叶、印度胶树*Ficus elastica*和大青树*Ficus hookeriana*的厚革质叶等，合理搭配，可以营造出不同的空间感受。

榕属*Ficus*植物同其他植物一样，除具有自身能在景观中构成独特奇葩的景观外，还可与其他植物造园相互配合共同构成庭园空间。在贵州由榕树形成的著名景观颇多，如榕江古榕风景名胜区，有多处由榕属*Ficus*乔木形成的奇特的景点，如"古榕包碑"、"古榕吞庙"、"生死恋树"、"九龙入海"、"榕根瀑布"、"夫妻树"等；荔波捞村盘龙寨有绿黄葛树*Ficus virens* var. *virens* 古树群，林冠庞大，几乎将盘龙寨遮去一半；关岭岗乌镇以黄葛树*Ficus virens*为主的古榕群，最大的一株胸围1735厘米，树高30米，平均冠幅44厘米；

著名的黄果树风景区也有榕树，镶嵌在大瀑布之间，相得益彰。

薜荔*Ficus pumila*在园林绿化中有多种应用。薜荔*Ficus pumila*繁植枝上的深绿色革质叶呈卵形，大且富有质感，四季常青，是优良的观叶植物，果实大、数量多，形状似无花果，盛果期时如一个个翠绿的莲蓬倒挂在枝条之中。果期长，可以从6月持续到第2年春季而不脱落。根据其观赏特性，结合其生长习性在园林中可有多种配置和用途。如经人为引诱，借助其茎上的气生根依附于各种山石上，不仅可以遮挡山石基部，而且可以装点山石，活跃山石。薜荔*Ficus pumila*是一种借气生根攀援的藤本植物，利用它可以改善墙壁生态环境，使墙壁色彩丰富、自然和谐、生机勃勃。由于其生长慢，装饰墙面时不会迅速覆盖，有利于墙面形成一幅幅天然的画卷，加上病虫害少，不用杀药，可避免给房屋带来污染，同时可以减少许多养护费用。薜荔*Ficus pumila*或彩叶薜荔枝叶细小，耐阴，可以悬吊于室内，也别有一番情趣。

薜荔*Ficus pumila*和地瓜*Ficus tikoua*不定根发达，具有很强的固土护坡能力，可作高速公路挖方或填方护坡绿化，加上其对水分要求不甚严格，可用于水体驳岸绿化达到护坡或驳岸绿化的效果。薜荔*Ficus pumila*和地瓜*Ficus tikoua*为多年生常绿木质藤本，可用来进行绿色造景，在草坪或公园里攀附在各种材料制成的造景物上，如形成绿色拱门、各种绿色大型动物造型等。加上薜荔*Ficus pumila*生长慢，枝叶比较生硬，并且终年常绿，其造型物不用常修剪、四季轮廓鲜明，不会因秋季落叶而影响其美观。

榕树在园林中还有多方面的配置和应用，如作行道树：榕树冠幅大，树枝茂密，四季碧绿，具有发达的气生根，在夏秋季高温炎热的天气里，人行在其下，阴凉舒适。行道树一般以蔽荫为主，多选用细叶榕*Ficus microcarpa*、高山榕*Ficus altissima*，这两种榕树不仅有雄伟挺拔的树型，而且有速生特性，同时细叶榕抗尘能力也较强，能成为空气的"吸尘机净化器"，可配植在灰尘较多的地段。在道路不很宽阔时或分车道时，种植榕树以观赏为主，多选用垂叶榕*Ficus benjamina*、金叶垂叶榕，由于它们树干直立，经人工修剪能成圆柱形或其他姿态，风姿优雅，既可引导行人前进方向，又扩大了景观的视野，且不影响驾驶员的视线。在商业街、步行街，常种植大叶榕*Ficu saltissima*、高山榕*Ficus altissima*、橡胶榕*Ficus elastica*等。春天嫩芽青青，使人感觉到春的气息；夏秋绿叶婆娑，像一把把大伞，浓荫盖地，给人以凉爽；冬季又叶色碧绿，弥补严寒的萧条。尤其配置在古城的老街，如镇远古城、青岩古镇、黎平古城等，高大浓阴的榕树冠如华盖，发达的气生根绕于茎上，能增添城市的沧桑感。

另外，在新建公园的人口处，可以种植树形宏伟的榕树来突出广场的气势；而在广场的休闲区常利用榕树的树大浓荫，创造一个"天然遮阳伞"，使广场真正做到景观和功能的统一。在公园的草地，还可以孤植或群植垂叶榕、花叶垂叶榕等来增加公园的美感，如榕江县三宝千户侗寨的榕树。

在工厂绿化，首先要考虑的是空气的清新和污染的治理，榕树由于其树冠大、生长迅速，具有改善自然环境、防污吸尘等功能，是工厂企业园林绿化的优选树种，如在厂区内，印度橡胶榕由于叶片粗大、厚实，四季苍翠浓绿，是防止环境污染的好树种，而黄金榕、垂叶榕等由于色彩亮丽或造型优美，是营造绿篱、隔离绿化带的好材料；柳叶榕、琴叶榕等由于叶形独特，配植在亭廊之旁，能烘托和柔化亭廊等园林建筑小品的刚毅，获得较好景观效果。另外，在南方水乡景观中，在小河边种植榕树也为一大人文景观，现在在许多古镇的小桥边常可见到高大的古榕树（如贵州省荔波县的邓恩铭纪念馆前的广场，榕江县三宝千户侗寨的榕树）。

大多数榕属Ficus植物的茎枝韧皮纤维可以利用，作人造棉，造纸，绳索等原料；本属植物具有强大的抗污染能力，据测定在化工厂污染区，一公斤榕树干叶一天可吸硫64克，吸氯247克；榕果近球形，肉质，成熟时呈黄色，淡红色或紫红色，有些味甜可食；有些榕属Ficus植物叶和根可以入药治病。

贵州园林应用的榕属Ficus植物种类不多，以榕树Ficus microcarpa、绿黄葛树Ficus virens var. virens为主，未能充分利用贵州的榕属Ficus植物资源。应用形式也比较单一，主要用作行道树和盆景，作庭园、街景、绿篱和立体绿化还十分少见。另外，由于森林的不断破坏，生物多样性的减少，贵州野生榕属Ficus植物资源也面临保护问题，如受利益驱动，在贵州南部地区如兴义、安龙、晴隆等地，人们大量采挖野生榕树，野生直脉榕Ficus orthoneura资源已经处于濒危状态了。

此外，榕属Ficus植物利用时应当慎用大树移植方式。一般来说，不适当的大树移栽成活率低，而且对地方生态文明建设有不良影响。在确实需要快速绿化时，可考虑大枝、粗枝条扦插。在榕属Ficus植物应用时还应该充分挖掘和建设贵州的榕文化，在产榕区群众生活中，与榕树有着密切联系，作为与人类联系最为紧密的树种之一，榕树实际上已经渗入到人们的精神生活当中，应当研究榕属Ficus植物与群众特别是少数民族地区群众的物质生活及精神生活的联系，使榕属Ficus植物的园林应用具有更加丰富多彩的文化内涵。

总之，榕属Ficus植物无论在林业、药业，还是在城市生态园林绿化中，都是一个值得好好挖掘和利用的种类，如果我们利用好，生活环境上就可以增添无限美景。

2.桑属 Morus Linn 植物在园林景观中的应用价值

桑属Morus Linn为落叶乔木或灌木。无刺，树皮通常鳞片状剥落；芽具3—6个覆瓦状鳞片。叶互生，边缘有锯齿或分裂，基脉掌状，少有三出脉，托叶小，侧生，早落。花雌雄异株或雌雄同株，穗状花序，具柄，雄花被片4，覆瓦状排列，雄蕊4枚与花被片对生，在花蕾中内折，退化雌蕊陀螺形，雌花被片4，排列与雄花同，结果时增大而肉质，子房1室，花柱线形，顶部2裂。果为无数包藏于肉质花被内的瘦果组成聚花果（称为桑椹果）。种子近球形，种皮膜质，胚乳丰富，肉质，胚内弯，子叶长椭圆形，胚根向上内弯。约12种，主要分布于北温带。我国有11种，各地均有分布。贵州有5种，都可以开发利用。

桑树原产我国中部，栽培历史悠久，品种资源丰富，广泛分布于南北各地。桑树树冠宽阔，枝繁叶茂，秋叶金黄，颇为美观，而且能够抗烟尘及有毒气体，管理容易。桑树既是良好的"四旁"绿化和城郊防护林树种，且果实能够吸引鸟类，适宜营造鸟语花香的自然景观，为城市绿化的先锋树种。尤其是栽培变种如垂枝桑、枝条扭曲的龙爪桑等，更适合于庭院栽培观赏，在现代园林绿化中有着广泛的应用前景。适合贵州各地栽培应用的有以下几种：

（1）桑 *Morus alba* Linn

又称家桑，桑树，乔木或灌木，高3—10米。或更高胸径可达50厘米。贵州各地普遍生长，也常栽培饲蚕或作观赏。

（2）长穗桑 *Morus wittiorum* Hand. -Mazz.

长穗桑现为国家二级重点保护濒危植物。分布于贵州省东北部至南部，如梵净山、雷山、息烽、开阳、望漠、荔波等地，生于海拔900—1400米山坡疏林中或山脚沟边。除可栽培作观赏外，韧皮纤维可造纸或作绳索。

（3）蒙桑 *Morus mongolica* Schneid.

又称刺叶桑，小乔木或灌木。分布于安龙、望漠、罗甸、平塘等地，生于海拔300—1200米山坡疏林下。除可观赏外，韧皮纤维系高级造纸原料，脱胶后，可作纺织原料，根皮入药。

（4）云南桑 *Morus mongolica* Schneid. var. *yunnanensis* （Koidz.）C. Y. Wu et Cao

小乔木或灌木。高2—6米。产罗甸羊里路边灌丛中。除供观赏外，韧皮纤维可造纸，制绳索等。

（5）鸡桑 *Morus australis* Poir.

又称小叶桑，灌木或小乔木。产贵州各地，多生于海拔200—1500米的山坡林下或灌丛中。除供绿化观赏外，韧皮纤维可以造纸，果实味甜可食。

（6）裂叶桑 *Morus trilobota* （S. S. Chang）Cao

产于凯里雷公山的裂叶桑，因叶指状分裂，全缘，雌花序长2.5—3厘米，更具有极高的观赏价值，值得引种驯化推广应用。

3.构属 *Broussonetia* 植物在园林景观中的应用价值

构树*Broussonetia papyrifera*，又名谷浆树，古名楮。树皮为造纸原料。《齐民要术》载有楮的种植和造纸方法。隋代已有大量生产。树高 6—16米，有乳汁。树皮平滑呈暗灰色，枝条粗壮而平展。叶互生，有长柄，叶片阔卵形或不规则3—5深裂，边缘有粗锯齿，表面暗绿，被粗毛，背面灰绿，密生柔毛。单性花，雌雄异株，雄花为茉荑花序，着生于新枝叶腋；雌花为头状花序。聚花果肉质，球形，有长柄，熟时红色。

（1）构树 *Broussonetia papyrifera* 基本概述

落叶乔木，高达16米。本属4种，分布于亚洲东部和太平洋岛屿。我国有3种，分布河北、山西以南各地区。贵州产以下2种及1变种。

①构 *Broussonetia papyrifera* （Linn）L´ Her. ex Vent.

又称构，楮树，乔木，贵州各地普遍产有，多为野生，少有栽培。除作绿化观赏外，韧皮纤维可作绳索或造纸，树干及未成熟果实乳液可治癣疮。

②小构树 *Broussonetia kazinoki* Sieb.

灌木，贵州各地普遍产有，多为野生，少有栽培。生于中海拔以下，低山地区山坡林缘、沟边、住宅近旁。除作绿化观赏外，韧皮纤维可以造纸。

③蔓构 *Broussonetia kaempferi* Sieb. var. *austrlis* Suzuki

灌木，枝蔓生。贵州南部生长于山野、田边或村寨附近。除作绿化观赏外，韧皮纤维韧性强，可作绳索，聚花果成熟时味甜可食。

（2）构树 *Broussonetia papyrifera* 的特性和用途

构树 *Broussonetia papyrifera* 生命力特强，极易繁殖，萌发力较猛，适应地域广，抗污染性特好，如用于污染严重的工厂的绿化，荒山河滩偏僻地等的防护造林，是理想的首选树种。构树 *Broussonetia papyrifera* 花期4至5月，果期6至9月；花为单性花，雌雄异株，雄花为葇荑花序，着生于新枝叶腋；雌花为头状花序；果为聚花果，肉质，球形，直径约3厘米，成熟后鲜红如血，耀人眼目，酷似无数颗细小晶莹透亮的红宝石攒聚而成，又像无数根红毛线精心编织的绒线球，食之清香甘甜，汁多诱人，有点儿象草莓，又有点儿像桑葚，如果开发加工成野生水果罐头或瓶装饮料，营养丰富，爽口爽心，肯定让人既饱口福，又饱眼福。

能耐干燥、瘠薄土壤。树皮为优质造纸原料；叶作猪饲料；果实及根入药，能补肾利尿、强筋骨，叶的乳汁，擦治疮癣；构树为强阳性树种，适应性特强，抗逆性强。根系浅，侧根分布很广，生长快，萌芽力和分蘖力强，耐修剪。抗污染性强。

随着人口的不断增长，耕地数量的减少，粮食资源贫乏越来越严重已是不争的事实。开发构树饲料以弥补粮食饲料的不足具有迫切的现实意义和深远的战略意义。采用生物工程开发的构树资源，其叶的营养成份含量高，并且各项营养成份均衡度好、利用价值高，可制成如构树营养粉及配制与面粉、豆粉等混合的粮食制品、营养保健剂。同时，还能充分利用大面积的荒山荒滩，改善和保护生态环境，强化水土保持，优化人类生存环境，提高和保护农民收益、富裕广大农村，使农民尽快实现小康。

构树 *Broussonetia papyrifera* 有多种用途，称之为"浑身是宝"的树毫不夸张。鉴于其巨大的开发潜力和广阔的市场空间，目前已不少人将眼光锁定在构树上。

（3）构树 *Broussonetia papyrifera* 的园林绿化价值

构树 *Broussonetia papyrifera* 是我国一种野生、标准的先驱植物，分布广、适应性强、抗逆性强，能大量吸滞粉尘和吸收二氧化硫等有毒物质，自生繁衍能力强，速生，是城市园林绿化，特别是工矿企业绿化的理想树种，也是三北地区的防护林和山区大力推广种植与封育成林的好树种。构树还是造纸的上等原料、优质的家畜饲料和极好的薪炭柴等用途很广的经济林树种。

随着经济发展和人民生活水平的提高，人们对生态环境、人居环境的质量要求越来越高，造林绿化也更加受到重视。然而，由于城市绿化树种和乡土树种的缺乏，使园林景观和造林绿化的生态效益、经济效益很难更好地发挥出来。特别是在北方地区，杨树一统天下的问题带来的很多生态和景观上的缺憾，甚至会发生病虫害的大暴发，严重影响生态环境建设。因而，北方部分城市开始引进构树Broussonetia papyrifera作为城市及厂区绿化，并产生了良好的经济效益和社会效益。

构树Broussonetia papyrifera抗污染性强，在排放二氧化硫、硫化氢、氯气污染源的下风向20—50m处种植，能正常生长。构树对酸和氮氧化物的抗性也强，可作为大气污染严重厂区的先锋绿化树种。目前，贵阳市主要大气污染源可分为 4 类：即工业源、居民生活源、交通源和二次扬尘。主要污染物为粉尘、二氧化硫、氯。

近年来，贵州部分县市林业局经过几年的观察，筛选出很有前途的城乡绿化构树Broussonetia papyrifera新树种，并对其育苗技术进行了总结。构树Broussonetia papyrifera幼苗生长快，移栽容易成活。枝叶茂密且有抗性强、生长快、繁殖容易等许多优点，是城乡绿化的理想树种，尤其适合用作工矿区及荒山滩地绿化，亦可选作庭荫树种及防护林用。

根蘖繁殖部分苗木用于试验。据调查，7年生构树，胸径为34.4厘米，树高为7.5米；3年生构树其胸径为17.8厘米，树高7米，胸径年均生长量为5.4厘米左右，没有病虫害发生。

根据在贵阳的花溪公园、十里河滩、铁二局、小孟工业园区、西南工具厂，铜仁市的锦江公园以及荔波县、兴义市、望谟县、罗甸县、惠水县、大方县等实地调查，构树Broussonetia papyrifera长势良好，胸径已达到10厘米以上，并且表现出许多优良的特性。在相同的栽培条件下，与其他树种相比，构树Broussonetia papyrifera表现出强劲的生长势头。特别是在厂区大面积栽植和培育构树Broussonetia papyrifera作为行道树，绿化效果和净化空气的作用更明显。

通过对构树Broussonetia papyrifera的野外调查和试验测定，发现其繁殖容易，栽培简单，管理粗放，生长迅速，抗涝抗旱，能安全过冬，且树型优美，绝少病虫害。近年来，我国先后在污染较重的工矿区、风沙严重的砂石场、山坡荒地、林荫地水旁、主干道庭院等不同生态环境下，采用成片、孤植等形式栽植构树。据观察，构树Broussonetia papyrifera均表现良好，园林绿化效果十分明显。因此，构树Broussonetia papyrifera在改变城市形象、改善生态环境等方面具有广阔的应用前景。

二、石漠化土地现状

截至2011年底，贵州省石漠化面积302.38万公顷，占全省国土面积的17.16%。市（州）

分布状况：贵阳市18.71万公顷，遵义市35.80万公顷，六盘水市28.36万公顷，安顺市32.99万公顷，毕节市59.84万公顷，铜仁市27.92万公顷，黔东南州13.14万公顷，黔南州49.70万公顷，黔西南州35.92万公顷。毕节市石漠化面积最大，占全省的19.79%，其次是黔南州，占全省的16.43%，黔东南州石漠化面积最小，占全省的4.35%。安顺市石漠化发生率最高，为47.35%，其次为黔西南州39.69%，第三为六盘水市36.87%。

根据石漠化治理的基本思路和指导思想，在恢复植被的同时也要考虑增加当地群众的经济收入，促进地方经济的发展。因此，在立地条件较差、坡度较大、水土流失隐患等级较高的地段规划营造生态公益林。在立地条件较好、地势较平坦的山坡地，选择名、特、优的竹、药、果、藤等树种营造生态经济林(生态经果林、生态用材林、生态药材林、生态薪灰林)。在树种选择上，要充分考虑石漠化土地严酷的立地条件，注重选择适生(耐干旱、耐瘠薄)、速生、抗逆性强、具有较高经济价值的乡土树种，如花椒、金银花、任豆、香椿、酸枣、苦楝、榕树、棕榈、楸树、刺槐、桦木、竹子、栎类等。

三、桑科 Moraceae 植物在石漠化中的应用

贵州是世界上岩溶地貌发育最典型的地区之一，岩溶出露面积占全省总面积的61.92%，是全国石漠化面积最大、类型最多、程度最深、危害最重的省份。石漠化是制约贵州省经济社会发展最严重的生态问题，遏制石漠化是贵州省生态建设的首要任务。

桑科Moraceae植物大多数是多年生乔木，木质坚实，根系强大，对自然环境适应性强，具有对高盐土壤的适应机制。在坡耕地栽植桑树，也能获高产，具有固定土壤和涵养土地作用。可在30—40℃生存；在土壤为pH 4.5—9.0的沙壤土至黏质上，耐干旱、瘠薄性能良好。桑树有极强的遏制风沙、保持水土能力。其地下根系分布的面积常为树冠投影面积的4—5倍。发达而能储水的地下根系网络，足以保证桑树在年降水量250—300毫米的干燥气候条件下地上部分的正常生长所需要的水分供应。在南方及热带地区，桑科Moraceae植物强大的根系也具有防止水土流失的作用，同时桑叶克服了热带牧草粗蛋白、碳水化合物含量低下的问题。

鉴于贵州石漠化如此严峻的现状，我们必须筛选出能够适应贵州生长的乡土植物进行治理，桑科Moraceae植物就是其中之一。

1.构树 *Broussonetia papyrifera* 在石漠化治理中的应用

构树 *Broussonetia papyrifera* （Linn）L´ Hér. et Vent. 为桑科速生直立落叶乔木，是一种适应环境能力强，耐干旱瘠薄、喜光、喜钙、速生、萌芽性强、极易繁殖的树种，多生于石灰岩山地，它萌发能力强，生长迅速。鉴于此特性，构树是退化喀斯特石漠化地区早期恢

复的主要先锋树种之一，适应于光照强度大的裸地，但生境中土壤因无植被覆盖，土壤水分变化剧烈，临时性干旱更为频繁。因此，构树必然有其抵抗临时性干旱的特征、方式、途径，其中构树苗木在土壤干旱胁迫下适应状况是一种重要体现。

2. 桑属 *Morus* 植物在石漠化治理中的应用

桑属*Morus*植物栽培历史悠久，品种资源丰富，广泛分布于贵州各地。桑树树冠宽阔，枝繁叶茂，而且能够抗烟尘及有毒气体，管理容易，既是良好的石漠化治理和城郊防护林树种，且果实能够吸引鸟类，适宜营造鸟语花香的自然景观，为城市绿化的先锋树种。也能增加当地农民的经济收入，使农业产业结构调整建设力度加大，减轻了水土流失。

3. 榕属 *Ficus* 植物在石漠化治理中的应用

榕属*Ficus* 约1000种，主要分布热带地区。我国榕属植物约有120种，主要分布西南部和南部。贵州有50余种（含变种、亚种及变型），在贵州的南部、西南部喀斯特山区分布较广，如黔南、黔西南等地。因而榕属植物绝大多数都可以作为石漠化治理方面的优选物种，而且榕属*Ficus*植物大多数的韧皮纤维可作麻类代用品，有些种类的榕果成熟时可食，果或根可作药用，木材可作工艺用具，且为紫胶虫寄主树。

总之，桑科Moraceae植物在贵州分布广泛，绝大多数种类适应性强，耐干旱，耐瘠薄，是贵州今后在治理石漠化方面植物配置应该考虑的优选物种。如榕属*Ficus*植物生物学特性对空间构建的影响在涉及植物的建造功能时，植物的大小、形态、封闭性和通透性是重要的参考因素。榕属*Ficus*植物又因为其丰富的生活型及特殊的生物学特性，能形成独特的景观效果，从而使石漠化绿化与园林景观相应呈现出不同的空间变化，达到生态修复与景观效应双集合。榕树的根穿透力极强，能嵌入石缝、围抱岩石，地面成片裸根亦能成景。主干历经岁月沧桑，加上气根、板根的融入。榕属植物不定根发达，具有很强的固土护坡能力，都是成活率高及抗旱性强，又有一定经济价值的植物，因而在贵州石漠化治理中具有广泛的开发应用前景。

今后，应摒弃对桑科Moraceae植物的一些不正确认识，认真落实政府在申报各级石漠化治理规划中的内容，采取各项强有力措施加快桑科植物树种的采种育苗和试验推广，并培育新品种。努力改变贵州桑科植物的苗木市场与生产力，让石漠化治理所用植物产生一定经济价值。应培育出若干全新乡土植物，让它们在贵州石漠化治理中扎根，服务于石漠化治理建设。

主要参考文献

柴克霞, 刘敬鹏. 1995.啤酒花在抗结核治疗中的应用[J].青海医学院学报, 16(4):41—42.

陈福君, 卢军, 张永煜. 1996.桑的药理研究(I)——桑叶降血糖有效组分对糖尿病动物糖代谢的影响[J].沈阳药科大学学报, 13(1):24—27.

陈丽, 张德秀. 2006.大麻素及其在抗青光眼方面的治疗作用[J].国际眼科纵览, 30:281—284.

陈良儿, 谢振家. 2002.柘树茎乙醇提取液的抗炎镇痛作用[J].南京军医学院学报, 24(1):3—11

陈路, 蓝鸣生, 王硕. 2009.小叶榕不同提取物的主要药效学研究[J].广西植物, 29(6):871—874.

陈艳芬, 江涛, 唐春萍, 等. 2010.小叶榕不同提取物镇咳祛痰作用的比较研究[J].中医药导报, 16(7):98—99.

戴新民, 张尊祥, 傅中先, 等. 1997.楮实对小鼠学习和记忆的促进作用[J].中药药理与临床, 13(5):27—29.

戴伟娟, 司端运, 苏艾兰, 等. 1999.无花果多糖对小鼠迟发型超敏反应的影响[J].济宁医学院学报, 22(4):26—27.

丁印龙, 谭忠奇, 林益明. 2008.厦门引种的榕属植物资源及其园林应用[J].热带植物科学, 37(4):51—54.

杜周和, 刘俊凤, 刘刚, 等. 2001.桑树作水土防护经济林的研究[J].广西蚕业, 38(3):10—12.

鄂少廷, 唐新德, 闵德潜, 等. 1980.薜荔果多糖对小白鼠免疫功能影响的探讨[J].武汉医学院学报, (4):13—16.

姜乃珍, 薄铭, 吴志平, 等. 2006.中药桑枝化学成分及药理活性研究进展[J].江苏蚕业, 2:58—61.

姜薇薇, 张晓琦, 李茜, 等. 2007.竹叶榕根的化学成分研究[J].天然产物研究与开发, 4:107—109.

蒋谦才, 黄悦朝, 李增祥. 2004.广东榕属观赏植物资源及其开发利用[J].热带植物科学, 33(4):48—51.

景莹, 张晓琦, 韩伟立, 等. 2010.蒙桑叶化学成分研究[J].天然产物研究与开发, 2:29—31

高福军, 杨志荣, 董洪, 等. 2003.山地桑园水土保持效益的研究[J].水土保持研究, 9(1):158—160.

高允生,1985.桑白皮的化学成分药理作用及临床应用[J].泰山医学院学报,1:62—75.

高振华,何瑞国,李英,等.2005.葎草饲喂獭兔效果研究[J].草业科学,3:23—26.

来平凡,范春雷,李爱平.2003.夹竹桃科络石与桑科薜荔抗炎镇痛作用比较[J].中医药学刊,21(1):154—155.

李国莉,任彬彬,黄元庆.1995.啤酒花水提物抗氧化效能的研究[J].宁夏医学院学报,17(1):27—29.

李方,夏宜平,任君.1977.薜荔的组织培养和薜荔果多糖抗肿瘤作用的试验研究[J].武汉医学院学报,5:81—83.

李莉.2003.桑叶黄酮类化合物提取方法研究[J].中国林副特产,1:30—31.

李玉群,孟昭礼.2003.无花果农用抑菌活性的初步研究[J].莱阳农学院学报,20(4):264

李永康.1995.贵州树木手册[M].北京:中国林业出版社.

林强.2004.榕属植物在福建省园林中的应用[J].福建林业科技,31(4):129—132.

刘辰飞,张玉武,韦堂灵,等.2012.野地瓜扦插试验[J].贵州科学,30(4):70—74.

刘福海,常云水,李志成.1979.柘树根皮膏治疗骨折767例临床报告[J].山东医药,7:41.

刘金珠,贾国云,胡娟霞,等.2010.桑科植物乳汁的研究进展[J].蚕桑通报,41(2):5—9.

刘萍,边强.2002.大麻素类药物的治疗作用[J].药学进展,26(2):99—101.

刘玉梅.2000.啤酒花萃余物质的应用研究[J].饮料研究,4:31-34

逯海章.2010.论城市园林绿化多样性[J].广东农业科学,6:101—103.

吕强,许国祥.1980.柘木抗结核作用的初步研究[J].药学通报,15(12):36.

和太平,李运贵.1998.广西榕属观赏树林资源及其利用[J].广西科学院学报,14(2):7—9.

何冰,黄锐.2003.细叶榕粗干扦插试验[J].亚热带植物科学,32(3):1—7.

胡俊达.2008.构树的开发利用价值和河北省发展前景[J].河北林业科技,5:100—101.

胡英杰,吴晓萍,刘妮.2010.小叶榕叶中具有抗HSV活性的黄烷成分[J].热带亚热带植物学报,18(5):559—563.

黄碧丽,2009.榕属植物园应用调查及合理利用对策[J].热带植物科学,38(3):63—68.

欧阳臻,陈钧.2003.桑叶的化学成分及其药理作用研究进展[J].江苏大学学报(自然科学版),6:12—16.

裴凌鹏,董福慧.2009.维药无花果叶对抗大鼠泼尼松性骨质疏松的作用研究[J].中国民族医药杂志,2:39—41.

商亚珍.2001.聚果榕叶提取物对四氯化碳损害肝脏的防护作用[J].国外医药:植物药分册,1:123—125.

孙胜国,陈若芸.2005.桑属植物化学成分和生物活性研究述评[J].中华中医药学刊,23(2):332—334.

谭永霞,刘超,陈若芸.2010.长穗桑茎皮中的酚类成分及其抗炎和细胞毒活性[J].中国中医杂志,35(20):2700—2703.

田骅,刘坚,伊其忠,等.2003.吸食大麻后的生理和心理学反应[J].中国法医学杂志,18(4):230—232.

希雨.2001.大麻酚类化合物:治疗恶性神经胶质瘤的新途径[J].国外医药•植物药分册,16(3):111.

习志江,周玉洁.2007.桑菊酸奶发酵工艺研究[J].长江大学学报(农学卷),4(3):100—103.

肖珍泉,郑明琴,龙青云.2003.五种野生榕属植物的开发利用[J].广东园林,增刊:74—76.

解伟,赵自强,韩生银,等.1996.眠得安煎剂的药理作用研究 I:镇静催眠作用[J].宁夏医学院学报,18(3):7—9

熊佑清.2004.构树在绿化中的应用研究[J].中国园林,8:75—77.

徐来富.2006.贵州野生木本花卉[M].贵阳:贵州科技出版社,134—139,163—165.

徐蔚,宋启示,王培,等.2010.对叶榕叶和细枝的化学成分研究[J].天然产物研究与开发,6:48—91.

许岚.2008.长期应用鸡桑对自发性高血压大鼠的影响[J].国外医药:植物药分册,23(5):226.

许萍萍.2009.榕属植物在园林空间构建中的应用[J].园林植物栽培与应用,5:53—57

许再富.1996.西双版纳榕树的民族植物文化[J].热带植物研究,39:1—7.

叶志毅,刘红.2003.利用桑树叶资源发展畜牧业生产的可行性分析[J].中国畜牧杂志,39(1):43—44.

姚芳,倪吾钟,杨肖娥.2004.桑树的种质资源、生态适应性及其应用前景[J].科技通报,20(4):289—292

尹海波,王颖,郑太坤,等.2001.中国葎草属植物的研究进展[J].辽宁中医学院学报,1:11—13.

尹卫平,马忠敏,刘春霞.1996.半合成苯甲醛类衍生物镇痛作用研究[J].河南医学研究,5(1):30—32.

玉艳珍,邓业成,覃旭,等.2009.穿破石抑菌活性初步研究[J].农药,3:25—28.

袁艺,李纯,张小青.1997.桑叶超氧化物歧化酶的提纯和性质的研究[J].安徽农业大学学报,24(3):296—203.

王春阳,罗正东,赵丽.1997.中药啤酒花的生药鉴定[J].中医药信息,3:20.

王家富.1999.具有开发价值的无花果[J].云南农业,4:12.

王湘敏,刘珂,许卉.2009.榕须化学成分研究[J].中国中药杂志,34(2):169—171.

汪江碧,罗蓉,田雪松,等.2004.啤酒花对去卵巢肥胖大鼠的影响[J].中药材,27(2):105—107.

魏媛,喻理飞.2010.西南喀斯特地区构树苗木对土壤干旱胁迫的生理响应[J].水土保持研究,17(2):164—167.

魏冬艳.2002.榕树叶蓖麻叶治疗急性关节扭伤[J].中医正骨,14(3):12.

吴松成.2001.薜荔的开发利用及栽培技术[J].中国野生植物资源,20(2):51—53.

吴文珊,王扬飞,方玉霖,等.2004.薜荔抑菌效应的研究[J].福建热作科技,29(2):15—16.

赵虎.2007.薜荔在园林中的应用[J].湖北林业科技,3:73.

赵林峰,高建亮.2012.构树在衡阳市园林绿化中的应用研究[J].安徽农业科学,16:8979—8980

赵秀贞.2008.常用青草药彩色图集[M].福州:福建科学技术出版社.

曾晓春,陈淑慧,赖斯娜,等.2002.粗叶榕的镇咳、祛痰、平喘作用[J].中国中医药信息杂志,9(2):30—33.

张传部.2000.桑叶及其保健饮料中总黄酮含量测定的研究[J].食品科技,2:52—53.

张晶,刘建平.2006.大麻素类[J].中西医结合学报,9(4):499.

张开镐.2003.大麻的生物学效应[J].中国药物依赖性杂志,12(2):94—96.

张礼安.2005.贵州古树名木[M].贵阳:贵州科技出版社.

张丽霞,管志斌.2004.西双版纳药用榕树资源[J].亚热带植物科学,33(2):60—62.

张明德.1999.桑叶临证举隅[J].时珍国医国药,10(4):281.

张庆建,陈若芸,于德泉.2007.鸡桑中化学成分及其抗癌和抗氧化活性研究[J].中草药,38(5):663—665.

张孝卫,黄丽华,李铁军,等.2005.补充无花果水提物对小鼠游泳运动后糖代谢的影响[J].中国运动医学杂志,24(3):346.

张秀实.1982.贵州植物志(第一卷:桑科)[M].贵阳:贵州人民出版社,130—164.

张秀实,吴征益,曹子余.1998.中国植物志(第二十三卷一分册:桑科)[M].北京:科学出版社,6—217.

张肇富.2000.啤酒花具有药用价值[J].酿酒科技,1:94

张志,吴海健,皮恩浩,等.2009.柘树黄酮体内外抗肿瘤作用研究[J].世界临床药物,30(10):601—602.

郑慧云.2011.西双版纳傣族手工造纸传统工艺与现状[J].华人时刊(中外教育),10:153

中国医学科学院药用植物资源开发研究所,等.1994.中药志(第五册)[M].北京:人民卫生出版社,664.

钟国连,刘建新,高晓梅.2003.桑白皮水提取液对糖尿病模型大鼠血糖、血脂的影响[J].赣南医学院学报,1:23—24.

钟正贤,李开双,李翠红,等.2006.抗血栓药材水提物的筛选研究[J].时珍国医国药, 17(11):2117—2119.

朱亚坤, 林善波. 2003. 福州榕文化及其产业开发初探[J].福州党校学报, 2:75—77.

Cha J Y,Kim H J,Chung C H,et al.1999.Antioxidative activitie s and contents of polyphenolic compound of *Cudrania tricuspidata*[J].Korean Soci F Sci Nutr,28(6):1310—1315.

Chadwick L R,Pauli G F,Farnsworth N R.2006.The pharmacognosy of *Humulus lupulus* L.(hops)with an emphasis on estrogenic properties[J]. Phytomedicine,13(1-2):119—131.

Chen W J, Lin J K.2004.Mechanisms of cancer chemopreventioon by hop bitter acids(beer aroma)through induction of apoptosis mediated by Fas and caspase cascades[J]. J Agric Food Chem,52(1):55—64.

Chen R M, Hu L H, An T Y,et al.2002.Natural PTP1B Inhibitors from *Broussonetia papyrifera*[J].Bioorg Med Chem Lett,12(23):3387—3390.

Dang D T,Eriste E,Liepinsh E,et al.2009.A novel anti-inflammatory compound, artonkin-4'-O-glucoside, from the leaves of Artocarpus tonkinensis suppresses experimentally induced arthritis[J].Scand J Immunol,69(2):110—118.

Dhanasekaran S,Palayan M.2009.Sedative and anticonvulsant activities of the methanol leaf extract of *Ficus hispida* Linn[J]. Drug Invention Today,1(1):23—27.

Editorial board of China herbal, state administ rations of trditional Chinese medicine, China.1999.China Herbal [M].Shanghai: Shanhai Scientific and Technical Publishers.

Fox A, Kesingland A, Gentry C,et al.2001.The role of central and peripheral Cannabinoid 1 receptors in the antihyperalgesic activity of cannabinoids in a model neuropathic pain[J].Pain,92:91—100.

Fu W, Lei Y F, Cai Y L,et al.2010.A new alkylene dihydrofuran glycoside with antioxidation activity from the root bark of *Morus alba* L.[J].Chinese Chemical Letters,21(7): 821—823.

Ghosh R,Sharatchandra K h,Rita S,et al.2004.Hypoglycemic activity of *Ficus hispida*(bark)in normal and diabetic albino rats[J].Indian Journal of Pharmacology,36(4):222—225.

Guo W H,Gu Z L,Wei K P,et al.2009.Effect of *Humulus* scandens for traditional fiber sources on digestion, diarrhea, and performance of growing rabbits[J].Agricultural Sciences in China,8(4):497—501.

Howlett A C,Barth F,Bonner T I,et al.2002.International union of pharmacology X X Ⅶ,classification of cannabinoid receptors [J].Pharmacol Rev,54:161—202.

Hensen B.2005.Cannabinoid therapeutics:high hopes for the future[J].Discov Today,10(7):459—462.

Jahan I A,Nahar N,Mosihuzzaman M,et a1.2009.Hypoglycaemic and antioxidant activities of *Ficus racemosa* Linn Fruits[J].Natural Product Research,23(4):399—408.

Jiang D, Lee B G, Jo N S, et al.1997.Melogenesis inhibitor from paper mulberry: a paper mulberry compound inhibits melanogenesis and scavenges free redicals[J].Cosmet Toiletries,122(3):59—61.

Kang J,Chen R Y,Yu D Q.2005.A new diels-alder type adduct and a new flavone from the stem and root bark of *Morus mongolica*[J].Chinese Chemical Letters,16(11):1474—1476.

Kang J,Chen R Y,Yu D Q.2006.Five new diels-alder type adducts from the stem and root bark of *Morus mongolica*[J].Planta Medica,72(1):52—59.

Ko H H,Yu S M,Ko F N,et al.1997.Bioactive constituents of *Morus australis* and *Broussonteia Papyrifera*[J].J Nat Prod,60(10):1008—1011.

Kwak W J,Moon T C,Lin C X,et al.2003.Papyriflavonol A from *Broussonetia papyrifera* inhibits the passive cutaneous anaphylaxis reaction and has a secretory phospholipase A2-inhibitory activity[J].Biol Pharm Bull,26(3):299—302.

Lawrence D.2002.Cannabinoids may have a role in reducing fear-related memories[J].Lancet,360(9330): 392.

Lee D,Bhat K P,Fong H H,et al.2001.Aromatase inhibitors from *Broussonetia papyrifera*[J].J Nat Prod,64(10):1286—1293.

Li R W,Leach D N,Myers S P,et al.2004.A new anti-inflammatory glucoside from *Ficus racemosa* L. [J].Planta medica,70(5):421—426.

Lien T P,Hipperger H, Porzel A,et al.1998.Constituents of Artocarpus tonkinensis [J]. Pharmazie,53(5):353.

Lin C N, Lu C M, Lin H C,et al.1996.Novel antiplatelate constituents from *Fornosan Moraceous* plants [J].Journal Nature Products,59:834—838.

Lin L W,Chen H Y,Liao P M,et al.2008.Comparison with various parts of *Broussonetia papyrifera* as to the antinociceptive and anti-inflammatory activities in rodents[J].Biosci Biotechnol Biochem,72(9):2377—2384.

Ma J P,Qiao X,Pan S,et al.2010.New isoprenylated flavonoids and cytotoxic constituents from *Artocarpus tonkinensis*[J].Journal of Asian Natural Products Research,12(7):586—592.

Mandal S C,Saraswathi B,Kumar C K,et al.2000.Protective effect of leaf extract of *Ficus hispida* Linn. against paracetamol-induced hepatotoxicity in rats[J].Phytotherapy Research,14(6):457—459.

Mei R Q,Wang Y H,Du G H,et al.2009.Antioxidant lignans from the fruits of *Broussonetia papyrifera*[J].Journal of Natural Products,72(4):621—625.

Ngoc D D,Catrina A I,Lundberg K,et al.2005.Inhibition by *Artocarpus tonkinensis* of the development of collagen-induced arthritis in rats[J].Scandinavian Journal of Immunology,61(3):234—241.

Patil V V,Pimprikar R B,Sutar N G,et al.2009.Anti-hyperglycemic activity of *Ficus racemosa* Linn leaves[J].Journal of Pharmacy Research,2(1):54—57.

Pozzesi N,Pierangeli S,Vacca C,et al.2011.Maesopsin 4-O-beta-D-Glucoside,a natural compound isolated from the leaves of *Artocarpus tonkinensis*, inhibits proliferation and up-regulates HMOX1,SRXN1 and BCAS3 in acute myeloid leukemia[J].Chemother,23(3):150—157.

Rao B S E,Asad M,Dhamanigi S S,et al.2010.Immunomodulatory activity of methanolic extract of *Morus alba* Linn (Mulberry) leaves[J].Pak J Pharm Sci,23(4):63-68.

Roger A, Nicoll, Alger B N.2004.The brain's own marijuane[J].SCI Am,291:68—75.

Snitmatjaro N,Luanratana O.2008.A new source of whitening agent from a Thai Mulberry plant and its betulinic acid quantitation[J].Natural Product Research,22(9):727—734.

Shanmugarajan T S, Arunsundar M, Somasundaram I, et al.2008.Cardioprotective effect of *Ficus hispida* Linn on cyclophosphamide provoked oxidative myocardial injury in a Rat Model[J].International Journal of Pharmacology,4(2):78—87.

Shanmugarajan T S,Devaki T.2008.Leaf extract possesses antioxidant potential and abrogates azathioprine induced prooxidant and antioxidant imbalance in rat liver[J].International Journal of Pharmacology,4(5):376—381.

Shanmugarajan T S,Devaki T.2009.Hepatic perturbations provoked by azathioprine:a paradigm to rationalize the cytoprotective potential of *Ficus Hispida* Linn[J].Toxicology Mechanisms & Methods,19(2):129—134.

Shi Y Q,Toshio Fukai,Hiroshi Sakagami,et al.2001.Cytotoxic flavonoids with isoprenoid groups from *Morus mongolica*1[J].Journal of Natural Products,64(2):181—188.

Sohn H Y,Kwon C S,Son K H.2010.Fungicidal effect of prenylated flavonol, papyriflavonol A,isolated from *Broussonetia papyrifera*(L.)vent. against Candida albicans[J].Microbiol Biotechnol,10:1397—1402.

Sohn H Y,Son K H,Kwon C S,et al.2004.Antimicrobial and cytotoxic activity of 18 prenylated flavonoids isolated from medicinal plants:*Morus alba* L., *Morus mongolica* Schneider, *Broussnetia papyrifera*(L.)Vent,Sophora flavescens Ait and Echinosophora koreensis

Nakai[J].Phytomedicine,11(7-8):666—672.

Steffens S,Veillard N R,Arnaud C,et al.2005.Low dose oral cannabinoid therapy reduces progression of atherosclerosis in mice [J].Nature,434:782—786.

Tan Y X,Liu C,Zhang T,et al.2010.Bioactive constituents of *Morus wittiorum*[J].Phytochemistry Letters,3(2):57—61.

Thuy T T,Kamperdick C,Ninh P T,et al.2004.Immunosuppressive auronol glycosides from *Artocarpus tonkinensis* Pharmazie [J].ChemInform,59(4):297—300.

Tsai F H,Lien J C,Lin L W,et al.2009.Protective effect of *Broussonetia papyrifera* against hydrogen peroxide-induced oxidative stress in SH-SY5Y cells[J].Biosci Biotechnol Biochem,73(9):1933—1939.

Victor E B,Richard J H,et al.2004.Antiviral activity of hop constituents against a series of DNA and RNA viruses[J]. Antiviral Research,61(1):57—62.

Wang T,Yang X Y,He R,et al.2005.Protective effects of total flavonoids of *Broussonetia papyrifera* on oxidative injury of ultraviolet A to human keratinocytes[J].Chinese journal of industrial hygiene and occupational diseases,23(6):442—444.

Wu G,Su X.2010.Antipruritic activity of extracts of Humulus scandens,the combinations of bioactive flavonoids[J].Fitoterapia,81(8):1073—1078.

Xu M L, Wang L, Hu J H,et al.2010.Antioxidant activities and related polyphenolic constituents of the methanol extract fractions from *Broussonetia papyrifera* stem bark and wood[J].Food Science and Biotechnology,19(3):677—682.

Yang X L, Lei Y,Zheng H Y.2010.Hypolipidemic and antioxidant effects of mulberry(*Morus alba* L.)fruit in hyperlipidaemia rats[J].Food & Chemical Toxicology,48(8-9):2374—2379.

Yun Jung Lee,Deok Ho Choi,Eun Ju Kim,et al.2011.Hypotensive,hypolipidemic, and vascularprotective effects of *Morus alba* L. in rats fed an atherogenic diet[J].The American Journal of Chinese Medicine,39(1):39—52.

Zhang M,Chen M,Zhang H Q,et al.2009.In vivo hypoglycemic effects of phenolics from the root bark of *Morus alba* L. [J].Fitoterapia,80(8):475—477.

Zhou X J,Mei R Q,Zhang L,et al.2010.Antioxidant phenolics from *Broussonetia papyrifera* fruits[J].Journal of Asian Natural Products Research,12(5):399—406.

中文名索引

八　画

九　画

拉丁名索引

A

Artocarpus J. R. et G. Forst 2, 36, 152

Artocarpus tonkinensis A. Chev. ex Gagnep. 2, 36, 152

B

Broussonetia L´ Hert. ex Vent. 2, 30, 150

Broussonetia kaempferi Sieb. var. *austrlis* Suzuki 2, 34, 151

Broussonetia kazinoki Sieb. 2, 31, 34

Broussonetia papyrifera (Linn)L´ Hér. ex Vent. 2, 31, 150

C

Cannabis Linn 6, 144, 166

Cannabis sativa Linn 6, 145, 166

Cudrania cochinchinensis(Lour.) Kudo et Masam. 2, 39, 153

Cudrania pubescens Tréc. 2, 42

Cudrania Trec. 2, 39, 152

Cudrania tricuspidata(Carr.)Bur. ex Lavallee 2, 42, 152

F

Fatou Gaud. 1, 9

Fatou villosa(Thunb.)Nakai 1, 9

Ficus abelii Miq. 4, 109, 160

Ficus acanthocarpa Lévl. ex Vant. 86

S

T

U